W0067861

Seitnotiz
www.seitnotiz.de

Dieses Buch ist mit weiterführenden Inhalten im Internet verknüpft. Sie erkennen die Verweise an dem Symbol mit darauffolgender Codenummer (z. B. GKCHI1).

Der Abruf der Inhalte erfolgt kostenlos und ohne Registrierung unter www.seitnotiz.de. Dort tragen Sie die Codenummer ein und gelangen sofort zu den Inhalten.

Bei E-Books genügt ein Klick auf die Codenummer, daraufhin werden automatisch die richtigen Inhalte abgerufen.

GKCHI0 Updates, News und aktuelle Informationen zur Geschäftskultur Chinas

3. Auflage
© Conbook Medien GmbH, Meerbusch, 2013, 2015
Alle Rechte vorbehalten.

www.conbook-verlag.de
www.geschaeftskultur.de

Projektleitung und Lektorat: Katrin Koll Prakoonwit
Konzept: Katrin Koll Prakoonwit in Zusammenarbeit mit dem Verlag
Einbandgestaltung: David Janik unter Verwendung der Bildmotive
© istockphoto.com/bushton3, © Liang Zhang/Bigstock.com
Satz: Fotosatz Amann, Aichstetten
Druck und Bindung: Werbedruck GmbH Horst Schreckhase, Spangenberg

Printed in Germany

ISBN 978-3-943176-32-2

Gerd Schneider, Jufang Comberg

Geschäftskultur

CHINA

KOMPAKT

GKCHI0 Updates, News und aktuelle Informationen zur Geschäftskultur Chinas

Gerd Schneider interessierte sich schon während seines Studiums der Betriebswirtschaft an der Universität Münster für andere Länder und Kulturen. Er beschloss frühzeitig, die weite Welt zu seinem beruflichen Betätigungsfeld zu machen. Während seiner internationalen beruflichen Karriere in der Industrie kam er noch deutlich weiter in der Welt herum, als er es sich jemals erträumt hatte. Schließlich arbeitete er für international aufgestellte Unternehmen in führenden Vertriebs-, Marketing- und Geschäftsführerfunktionen auf vier Kontinenten.

Über zwölf Jahre war er in der Region Asien-Pazifik geschäftlich unterwegs, mehr als acht Jahre hat er in Ostasien gelebt und gearbeitet. Dort konnte er beim Aufbau von Organisationen und Geschäften intensive Erfahrungen speziell im Umgang mit chinesischen, japanischen und koreanischen Kollegen und Geschäftspartnern wie auch den relevanten Geschäftskulturen sammeln. Mehrjährige berufliche Aufenthalte in Nordamerika und Südafrika runden sein internationales Profil ab.

Gerd Schneider ist seit 2004 Inhaber von Accenta Asia, einem interkulturellen Trainingsanbieter für weltweit alle Zielregionen. Er selbst ist darauf spezialisiert, Fach- und Führungskräfte für eine Zusammenarbeit mit China, Japan und Korea oder Versetzungen dorthin zu trainieren.

Jufang Comberg, geboren 1968 in der Nähe von Xi`an / China, studierte Germanistik an der Universität für Fremdsprachen in Xi`an und Asia Pacific Marketing an der Nationalen Universität in Singapur. Während ihrer internationalen beruflichen Karriere war sie bei deutschen und asiatischen Unternehmen sowohl in Deutschland als auch in China und Singapur in den Bereichen Business Development und Handelsbetreuung tätig.

Heute ist Jufang Comberg auf interkulturelle Trainings für Fach- und Führungskräfte aus dem deutschsprachigen Raum spezialisiert, die mit Chinesen zusammenarbeiten oder binationale Projekte betreuen. Ein weiterer Schwerpunkt ihrer Arbeit ist die Vorbereitung von Mitarbeitern für Entsendungen nach China und Hongkong.

Vorwort

Nach einem mehrere Jahrhunderte dauernden Dornröschen-schlaf ist China wieder aufgewacht. Die chinesische Wirtschaft ist heute auf dem besten Weg, erneut in voller Blüte zu erstrahlen. Nach langer Ausbeutung durch Kolonialmächte hat es China ge-schafft, diese schmerzvolle Zeit hinter sich zu lassen und darüber hinaus über den eigenen kommunistischen Schatten zu springen. China schreitet heute auf überraschend neuen Wegen in die poli-tische, wirtschaftliche und gesellschaftliche Zukunft des 21. Jahr-hunderts.

Um in China erfolgreich Geschäfte zu machen, gilt es zu begreifen, dass das Land in den letzten zwanzig Jahren viele unterschiedliche neue Gesichter bekommen hat. In heutigen Unternehmen stehen alte autokratische Strukturen neben pater-nalistischen und werden immer häufiger durch kooperative Füh-rungsstile ergänzt. Doch auch in den chinesischen Metropolen wie Shanghai ist es in keinem Fall ratsam, sich lediglich auf mo-derne Businesspartner und -strukturen einzustellen. Denn hinter dem bereits vielerorts fortschrittlichen Gesicht Chinas verbergen sich noch viele ›unsichtbare‹ traditionelle Ansichten, Werte und Normen, die Bestand haben und für westliche wie auch asiatische Akteure im Chinageschäft ausschlaggebend sind.

In unserer langjährigen Praxiserfahrung in verschiedenen glo-bal agierenden Industrieunternehmen und unserer nachfolgenden internationalen Trainingstätigkeit konnten wir immer wieder

feststellen, dass in der westlichen Managementwelt diese soge-
nannten kulturellen Besonderheiten in ihrer Unterschiedlichkeit
und Bedeutung oftmals verkannt oder gar nicht erst wahrge-
nommen werden. Interkulturelle *skills* werden oftmals belächelt
oder lediglich als ›nice-to-have‹ abgetan. Die Folgen sind meist
schwerwiegend. Viele Geschäfte in China scheitern daher an
einem Mangel an Verständnis und Einfühlungsvermögen für
die kulturellen Businessunterschiede. Wer allerdings Empathie
und interkulturelle Sensibilität besitzt und Interesse an dieser
fremden Geschäftskultur mitbringt, kann sich die kulturellen
Besonderheiten im deutsch-chinesischen Geschäftsverhalten
strukturiert und in kurzer Zeit vor Augen führen.

Doch worin bestehen die relevanten interkulturellen Unterschiede zwischen unserer Sach- und der chinesischen Bezie-
hungsorientierung? Wie erkenne ich diese Unterschiede und
erlerne den richtigen Umgang mit ihnen? Und last but not least,
wie gestalte ich meine Chinaprojekte, mein Alltagsgeschäft, an-
stehende Verhandlungen oder die Führung von chinesischen
Mitarbeitern so erfolgreich wie möglich, ohne mich in Missver-
ständnissen, Reibungs- und Zeitverlusten sowie frustrierenden
Fehlinterpretationen zu verlieren?

Dieser Ratgeber soll sowohl Chinaneulinge als auch im Chinageschäft erfahrene Manager sehr kompakt und in kurzer Zeit
zu überraschend neuen Erkenntnissen und Ansätzen auf dem
Weg zu einer nachhaltig erfolgreichen Geschäftsentwicklung
führen. Wer seine Kenntnisse darüber hinaus vertiefen möchte,
dem seien interkulturelle Management-Seminare empfohlen, die
von praxiserfahrenen Experten aus der Wirtschaft durchgeführt
werden.

Wir wünschen Ihnen einen reibungslosen Aufbau Ihres
Chinageschäfts und stehen Ihnen diesbezüglich gerne für weiter-
gehende Informationen zur Verfügung.

Gerd Schneider und Jufang Comberg

Anmerkung der Autoren zur Nutzung dieses Ratgebers

In China werden Sie auf kulturell sehr unterschiedliche Geschäftspartner treffen. Zu Beginn einer Geschäftsbeziehung ist kaum zu erkennen, ob Sie es mit eher westlich oder mit traditionell denkenden Chinesen zu tun haben. Daher empfehlen wir Ihnen, zunächst stets zurückhaltend konservativ und an konfuzianischen Werten orientiert auf Ihre chinesischen Geschäftspartner oder Kollegen zuzugehen. Tasten Sie sich in mehreren Treffen heran. Erst wenn Sie die Gewissheit haben, dass Sie es mit westlich denkenden Geschäftspartnern zu tun haben, können Sie entsprechende Umgangsformen und Geschäftsgepflogenheiten sukzessive in den Arbeitsalltag einfließen lassen. Die Schilderungen und Empfehlungen in diesem Ratgeber konzentrieren sich daher auf den Umgang und geschäftliche Beziehungen mit konfuzianisch geprägten Chinesen. Mit einer hieran ausgerichteten Vorgehensweise sind Sie immer auf der sicheren Seite!

1

Einblicke in die chinesische Geschäftswelt

China ist das drittgrößte Land der Welt. Mehr als 1,3 Milliarden Menschen aus 56 Völkergruppen haben ihre eigenen Gebräuche und sprechen unterschiedliche Sprachen. Die über 2.000 Jahre alten Philosophien, das Yin-und-Yang-Prinzip, der Daoismus und der Konfuzianismus, beeinflussen bis heute maßgeblich das tägliche Leben und die Geschäftswelt im gesamten chinesischen Kulturraum.

Über diese Einflussfaktoren hinaus haben sich im Laufe der enormen **wirtschaftlichen Entwicklung** des Landes alleine zwischen Nord- und Südchina weitere kulturelle Unterschiede herauskristallisiert. Schlendern Sie beispielsweise durch die hochmoderne Stadt Shanghai mit ihren imposanten Wolkenkratzern, schicken Kaffeehäusern und einer Magnetschwebebahn, werden Sie sich fast wie in europäischen Metropolen fühlen. Fahren Sie dann weiter in die ab 1980 entstandenen ersten Wirtschaftssonderzonen, erhalten Sie wieder ein ganz anderes Bild vom aktuellen Status des wirtschaftlichen Fortschritts. Im krassen Gegensatz dazu stehen die ländlichen Provinzen im Westen Chinas, die durch Wüsten, Senken und Hochplateaus geprägt sind. Hier bearbeiten die Bauern zum Teil noch mit von Tieren gezogenen Pflügen das Ackerland.

Kommen Sie den Menschen in den verschiedenen chinesischen Regionen näher, können Sie recht deutliche Unterschiede in ihren jeweiligen Wertvorstellungen und Verhaltensweisen spüren. Diese zeigen sich auch im Alltags- und Geschäftsleben.

Des Weiteren hat das **politische System** auf die sich entwickelnde chinesische Geschäftswelt Einfluss genommen. So verlangte der rund 30 Jahre andauernde Kommunismus (1949–1978), dass man sich stets unterordnete und Vorgaben erreichte oder einhielt. Widerspruch, Initiative oder Kreativität waren nicht erwünscht. Die Auswirkungen dieser gelernten Muster zeigen sich bis heute deutlich.

Seit 1978 herrscht in China ein politisches System vor, in dem mit marktwirtschaftlichen Ansätzen experimentiert wird, während staatliche Dominanz und Kontrolle langsam abnehmen. Zu Beginn der vorsichtigen Öffnungspolitik gab es weder privatwirtschaftliche Unternehmen noch Selbstständige. Jeder gehörte einer staatlichen Einheit bzw. Organisation an. Wer keine Zugehörigkeit vorweisen konnte, war eine Person ohne Status und Zukunft. Die eingeführten marktorientierten Reformen haben in China jedoch mehr Eigeninitiative und Unternehmertum hervorgebracht.

Unternehmensformen

Seit Anfang der Achtzigerjahre wird in China der **Aufbau von privatwirtschaftlichen Unternehmen** in unterschiedlichen Bereichen in großem Maße gefördert. Wirtschaftsexperten schätzen, dass private Unternehmen inzwischen die Hälfte des gesamten chinesischen BIP ausmachen. Daneben stehen nach wie vor die großen und profitablen **Staatsunternehmen**. Für die Mitglieder der Kommunistischen Partei Chinas sind diese Unternehmen eine maßgebliche Quelle für Profit und Macht.

Ausländische Unternehmen sind in China mittlerweile zahlreich vertreten. In der Vergangenheit gründeten sie mit chinesischen Staatsbetrieben **Joint Ventures**, damals die einzig erlaubte Form. Während die chinesischen Unternehmen meist Produktionsmittel und wenig qualifizierte Arbeiter zu Niedriglöhnen einbrachten, beteiligten sich westliche Investoren mit Know-how und Kapital. Nach gut zehn Jahren zeigte sich jedoch, dass Joint Ventures kein Erfolgsmodel mehr waren. Hauptgründe waren die verschiedenen Managementstile, beiderseitig fehlende interkulturelle Sensibilität und Kenntnisse sowie starke Interessenskonflikte. Seit 1990 wird das Joint Venture-Modell zunehmend durch reine ausländische **Tochtergesellschaften** oder rein chinesische Unternehmen ersetzt.

Die verschiedenen Unternehmensformen – staatlich, privat oder ausländisch –, wie auch die Standortfaktoren der verschiedenen Regionen, die Firmengröße und der Bildungsstand bzw. die Persönlichkeit der Führungskräfte nehmen ebenfalls Einfluss darauf, auf welche lokale Geschäftskultur Sie in China treffen werden.

Rechtssystem und Rechtsempfinden

Das chinesische Rechtssystem ist für viele Ausländer bis heute schwer verständlich. Zwar ist seine Ausgestaltung schon sehr weit fortgeschritten. Doch wird es voraussichtlich noch einige Jahre dauern, bis das entsprechende Rechtsverständnis von den Recht sprechenden Institutionen auch verinnerlicht worden ist. Rechtliche Schritte sind in den meisten Fällen mit einem **hohen Zeit- und zusätzlichem Kostenaufwand** verbunden. Die meisten Probleme resultieren aus einer lücken- und fehlerhaften oder eigenwilligen Auslegung und Anwendung des herrschenden Rechtes vor Ort. Staatliche Organe haben die Anweisungen von Parteigremien zwar auszuführen. Diese Parteigremien auf Provinz- und lokaler Ebene verfolgen allerdings oft ihre eigenen Interessen. Besonders in den wirtschaftlich erfolgreichen Regionen sind sie nur schwer angreifbar. Daher erfolgen meist regional erheblich **unterschiedliche Rechtsauslegungen** und -anwendungen. Wenn ein ›Provinzfürst‹ entscheidet, was für seine Region oder für lokale Unternehmen von Vorteil ist, wird in Beijing entschiedenes Recht schnell ignoriert oder nach Bedarf interpretiert. Bis heute hat zudem ein großer Teil der **Richter** noch keine professionelle juristische Ausbildung.

So wird nachvollziehbar, warum die chinesische Zentralregierung große Probleme hat, beschlossene und oft auch international geforderte Gesetze flächendeckend durchzusetzen.

Bürokratie und Korruption

Im chinesischen Einparteiensystem mit einer hohen Machtkonzentration gibt es bislang noch keine funktionierenden Kontrollorgane. Machtmissbrauch und Korruption ▤ GKCHI1 (Korruption in China: Corruption Perceptions Index) können die Konsequenz sein. Insbesondere Politiker, Beamtenkreise und Staatsunternehmen kommen immer wieder in die Presse, wenn sie sich nebenbei ein gutes Zubrot verdienen. Bekannteste Beispiele sind Hinrichtungen von hochrangigen Politikern als Abschreckung für andere. ▤ GKCHI2 (Gefährliche Gaben – Chinas neue Angst vor der Korruption)

Im Chinageschäft benötigt man für alles Mögliche ständig **Genehmigungen**. Aufgrund der häufigen Anpassungen und Veränderungen gesetzlicher Regelungen werden diese oft nur teilweise veröffentlicht, und wenn, dann häufig nur in chinesischer Sprache. Darüber hinausgehende, regional unterschiedliche Bestimmungen werden oft auch gar nicht publik gemacht. Ist man nur auf die Aussagen, die häufig unvollständigen Kenntnisse und den guten Willen chinesischer Staatsbeamte angewiesen, kann man schnell in einer Endlosschleife falscher Informationen gepaart mit Unwilligkeit enden. Diese stets wiederkehrenden Prozesse im Laufrad der Bürokratie können sehr zeit- und nervenaufreibend sein.

Vor diesem Hintergrund bevorzugen es viele chinesische Geschäftsleute, die Prozesse durch **kleine ›Motivationsgeschenke‹** an die entscheidenden Beamten abzukürzen. Wer glaubt, sich diesen Praktiken nicht entziehen zu können, sollte daran denken, dass man mit einer ersten Bereitschaft zur Zahlung von Schmiergeldern grundsätzlich die Türen für weitere Forderungen öffnet. Berücksichtigen Sie auch, dass Sie schnell erpressbar werden. Ausländische Geschäftsleute werden zudem kritischer beobachtet als Chinesen. Im Falle eines Nachweises von Korruption geben Sie außerdem Ihrem Arbeitgeber die rechtliche Möglichkeit, Sie wegen illegaler Praktiken zu entlassen.

Es gibt heute viele ausländische Unternehmen, die **ohne die Zahlung von Korruptionsgeldern** in China erfolgreich sind. ▤ GKCHI3 (Korruption in der VR China; Handlungsempfehlungen für ausländische Unternehmen)

Kulturelle Unterschiede erkennen – Die chinesische Sichtweise

Wir Westler genießen viele politische und religiöse Freiheiten. Menschenrechte waren für uns schon immer ein wichtiges Thema. Alle Menschen sind vor dem Gesetz gleich. Niemand darf diskriminiert werden. Keiner darf ohne ein ordentliches Gerichtsverfahren inhaftiert oder bestraft werden. Es gibt Meinungsfreiheit. Die Medien dürfen unzensiert über alle Themen berichten.

In der Folge sagen Westeuropäer direkt und unmissverständlich, was sie denken. Sie können ihrer Meinung Ausdruck verleihen, ohne Repressalien fürchten zu müssen. Es ist üblich, Kritik an der Regierung oder an anderen Institutionen zu üben, wenn man glaubt, dass etwas falsch gemacht worden ist. Ein Mitarbeiter kann einem Vorgesetzten gegenüber frei argumentieren und ihn zu überzeugen versuchen.

Chinesische Vorstellungen

Chinesen kommen aus einem Kulturraum, in dem **Harmonie**, **Toleranz** und **Hierarchie** die wesentlichen Kulturwerte darstellen. So bildet das **Yin-und-Yang-Prinzip** aus chinesischer Sicht die Grundlage des Gleichgewichts im Universum und die Basis vieler chinesischer Philosophien. Die einander entgegengesetzten und dennoch aufeinander bezogenen Kräfte des Yin und des Yang sind untrennbar miteinander verbunden. Sie beeinflussen und ergänzen sich gegenseitig. Daneben beschreibt die Kernlehre des **Daoismus**, dass der Mensch nicht in Naturvorgänge eingreifen und den Dingen ihren Lauf lassen soll. Daraus resultieren chinesische Werte wie **Schicksalsergebenheit** und Zufriedenheit.

Im **Konfuzianismus** ist das allumfassende Hierarchiedenken ein wesentliches Element. Der chinesischen Vorstellung nach können Menschen im Kern nie gleich sein. Es gibt immer eine versteckte Hierarchie, die auf Bildung, Herkunft, sozialem Status und gegenseitiger Beziehung basiert. Hierarchisch höhergestellten oder älteren Personen gebührt ein hoher Respekt. Ihre Entscheidungen werden widerspruchslos akzeptiert. Chinesische Unternehmen sind im konfuzianischen Sinne streng hierarchisch aufgebaut. **Titel und Seniorität** haben eine sehr große Bedeutung. Jeder ist jedem in irgendeiner Art und Weise unter- oder überstellt. ▤ GKCHI4 (Video: Porträt Konfuzius)

Chinesen sind zudem in einer **kollektivistischen Kultur** aufgewachsen, in der der Gruppengedanke nicht nur durch die konfuzianische Erziehung, sondern zusätzlich durch das kommunistische System gefördert wurde. Nicht konformes Verhalten wurde bestraft. Chinesen sind es daher nicht gewohnt, eigenverantwortlich zu arbeiten. Da seit jeher der Vorgesetzte für Entscheidungen zuständig ist – wofür er in den Augen seiner Angestellten ja schließlich auch bezahlt wird – fühlen sich Mitarbeiter weniger der Gruppe gegenüber verantwortlich, sondern in erster Linie ihrem Chef gegenüber. Aus dieser **personenbezogenen Loyalität** heraus werden chinesische Mitarbeiter die Weisungen eines Vorgesetzten oder hierarchisch Höhergestellten ohne Widerspruch oder Nachfragen bei Unklarheiten ausführen. (Mehr zum chinesischen Arbeitsstil lesen Sie in Kapitel 6 ab Seite 53.)

In der stark konfuzianisch orientierten chinesischen Unternehmenswelt gibt es zwei **grundsätzliche Führungsstile**, den autoritären und den paternalistischen Führungsstil. (Mehr zu diesem Thema lesen Sie in Kapitel 7 ab Seite 63.) Beide sind in verschiedenen Regionen und Unternehmensformen jeweils mit unterschiedlicher Ausprägung anzutreffen. In modernen Ballungszentren ist jedoch bereits eine Tendenz zu kooperativeren Führungsstilen spürbar.

Gesichtsverlust

Gesichtsverlust bedeutet, dass eine Person kurzfristig vor anderen Bezugspersonen oder in der Öffentlichkeit ihr Ansehen oder ihre Ehre verliert. Das allgemeine Harmoniestreben resultiert in einer indirekten Kommunikation und einem enormen Bedürfnis, in der Öffentlichkeit stets sein Gesicht zu wahren und anderen **Toleranz** entgegenzubringen. Nach chinesischem Verständnis hat ein ›edler‹ Mensch auch immer ein großes Herz, das vieles tolerieren kann.

Mit einer gewissen Toleranz erreicht man in China oft schneller sein Ziel als mit sachlichem Verhalten. Kritik, auch wenn sie berechtigt ist, wird in freundliche Worte verpackt, um den anderen nicht unnötig zu verletzen. Mittels der chinesischen Rhetorik kann dem Gegenüber deutlich zu verstehen gegeben werden, was man wirklich denkt, aber es wird meist indirekt formuliert. Es gilt das Sprichwort: ›Wenn man einem Baum seine Rinde nimmt, dann stirbt er. Die Rinde des Menschen ist sein Gesicht.‹ (Mehr dazu finden Sie in Kapitel 3 ab Seite 27.)

Beziehungsgeflechte (guanxi)

Chinesen leben und arbeiten traditionell dafür, den Reichtum und die Ehre der Familie zu steigern. Dabei spielen Beziehungen zu anderen Personen eine wichtige Rolle. Als westlicher Manager sollten Sie berücksichtigen, dass sich jeder Chinese ein Leben lang bemüht, eine **hohe Anzahl von belastbaren Beziehungen** zu anderen Menschen und Unternehmen herzustellen, die im Laufe des Lebens sowohl im Arbeitsumfeld als auch im privaten Bereich bei Bedarf genutzt werden können. Chinesen betrachten ihre Beziehungen als ihr **soziales Kapital**. Allerdings gilt es, jeden Gefallen beizeiten entsprechend zurückzuzahlen. GKCHI5 (Guanxi in China) Sie sollten versuchen, das Guanxi-Prinzip zu verstehen, insbesondere auch, dass eine chinesische Empfehlung nicht notwendigerweise für die Qualität des Empfohlenen oder seiner Produkte steht. Sie bezeugt lediglich, dass es eine Beziehung gibt, bei der übrigens Familienangehörige an erster Stelle stehen.

Umgang mit Westlern

Es ist beeindruckend, wie die chinesische Bevölkerung mit dem enormen wirtschaftlichen und sozialen Wandel der letzten 30 Jahre Schritt halten konnte. Die traditionellen und die modernen Werte und Verhaltensweisen scheinen mittlerweile nahtlos ineinander überzugehen. Die Chinesen haben die Fähigkeit entwickelt, gegensätzliche Eigenschaften aufzunehmen und zu vereinen. Sie sind enorm **anpassungsfähig.**

Dazu ein Beispiel: Wenn zwei Chinesen miteinander kommunizieren, bestimmen typisch chinesische Verhaltensregeln den Gesprächsverlauf. Wie zuvor beschrieben, wird stets auf die Ausdrucksweise geachtet, um einen Gesichtsverlust des Gegenübers zu vermeiden. Ärger oder Wut werden trotz der empfundenen Gefühlswallungen unterdrückt und hinter wohlklingenden Worten verborgen gehalten.

Wenn Chinesen aber mit Deutschen, Österreichern oder Schweizern in Kontakt kommen, übertreffen sie diese manchmal an Direktheit. Viele Chinesen haben mit Westlern harte Erfahrungen machen müssen. Sie haben die Kommunikation als sehr direkt und aus ihrer Sicht aggressiv empfunden – und stellen sich nun schnell auf diese vermeintlich ungehobelte Mentalität ein, ohne sich dabei der Feinheiten eines westlichen Kommunikationsstils bewusst zu sein. Diese Chinesen können daher im Umgang mit westlichen Geschäftspartnern besonders harsch und sehr direkt wirken. (Siehe auch das Thema *Einfangen der Gegenperspektive – So sehen die Chinesen uns* ab *Seite 60*.)

In der Vergangenheit wurde eine direkte Kontaktaufnahme mit potenziellen Geschäftspartnern in China als unangemessen betrachtet und versprach daher wenig Erfolg. Stattdessen wurden neue Kontakte nur über persönliche Beziehungen und Mittelsmänner hergestellt. Das Internet bietet jedoch mittlerweile zahlreiche Möglichkeiten der Geschäftsanbahnung oder Informationsgewinnung über chinesische Unternehmen. Messen und Verbände sind für in- wie ausländische Unternehmer weitere Anlaufstellen. Auch Informationen über Ausschreibungen, die Sie von Verbänden oder befreundeten Unternehmen erhalten, sind ein probates Mittel, an potenzielle Kunden und Aufträge zu kommen.

Dennoch ist die Bedeutung eines **Mittelsmannes** in der chinesischen Geschäftskultur immer noch groß, vor allem, wenn man Kontakte zu Behörden sucht. Ein Mittelsmann nutzt dabei sein *guanxi* – sein Netzwerk aus persönlichen Beziehungen, das sowohl privater als auch geschäftlicher Natur ist. (Siehe dazu auch Seite 15.) Sie sollten daher für neue Geschäftskontakte immer in Erwägung ziehen, bereits in China vernetzte Personen, Unternehmen oder Verbände für eine Vermittlung zu gewinnen.

Und noch ein Tipp: Vor einer Geschäftsanbahnung ist es für Chinesen üblich, einander persönlich kennenzulernen, um ein ›**Bauchgefühl**‹ für den potenziellen Geschäftspartner zu bekommen. Daher sollten Sie bei einem ersten Kontakt mit in Frage kommenden Partnern möglichst gemeinsame Unternehmungen, wie beispielsweise abendliche Geschäftsessen, anstreben. (Mehr über *Geschäftsessen in China* lesen Sie in Kapitel 8 ab Seite 81.)

Kontakte über das Internet

Informationen über chinesische Unternehmen finden Sie über zahlreiche Internetplattformen (Siehe die Linktipps in Kapitel 10 auf Seite 104). Unter den Unternehmen, die sich auf diesen Plattformen darstellen, gibt es leider viele schwarze Schafe, die in der Anonymität des Internets viel mehr über ihre Leistungsfähigkeit versprechen, als sie halten können.

In der Konsequenz sind einige Portale dazu übergegangen, unter den dargestellten Unternehmen sogenannte ›**Goldkunden**‹ auszuloben, die bestimmte Kriterien erfüllen müssen. Doch auch bei diesen Goldkunden kann man nicht mit Sicherheit davon ausgehen, dass die dargestellten Informationen immer korrekt sind. Deshalb ist es in jedem Fall erforderlich, die Angaben zu den Unternehmen **genau zu überprüfen** oder damit Dritte vor Ort zu beauftragen, bevor eine geschäftliche Beziehung aufgebaut wird.

Kontakte auf Messen

Jedes Jahr werden in China mehrere Tausend Messen veranstaltet. Viele sind allerdings nicht mit westlichen Messen vergleichbar. Daher ist es wichtig, vorab Erkundigungen und Empfehlungen, z.B. über lokale Außenhandelskammern oder die Messegesellschaften in Deutschland, Österreich oder der Schweiz, einzuholen.

Ein **Messebesuch** oder ein eigener Messestand gibt Ihnen die Möglichkeit, potenzielle Geschäftspartner vor Ort direkt persönlich kennenzulernen und einen unmittelbaren Eindruck zu gewinnen. Oft werden anschließend persönliche Einladungen zu einem Firmenbesuch ausgesprochen.

Doch seien Sie vorsichtig. **Zufallskontakte** auf Messen entpuppen sich leider allzu oft als faule Nüsse, da die Vertreter ihre Unternehmen gerne als deutlich größer und besser vernetzt darstellen als sie wirklich sind. Aus einem vermeintlichen mittelständischen Unternehmen kristallisiert sich auch schon einmal ein Kleinstanbieter mit fünf Mitarbeitern und uralten Maschinen heraus. Bestehen Sie also auf einer **Firmenbesichtigung** und lassen Sie sich nicht wegen ›Terminschwierigkeiten‹ abweisen.

Kontakte auf Delegationsreisen

Eine weitere Möglichkeit der persönlichen Kontaktaufnahme ist die Teilnahme an einer von Verbänden oder Wirtschaftsorganisationen veranstalteten Delegationsreise nach China. Der Nachteil ist, dass manche Delegationsreisen schlecht oder zu oberflächlich geplant werden und letztlich nicht halten können, was sie versprechen. Achten Sie also darauf, dass im Programm **ausreichend Zeit für einzelne Treffen** mit chinesischen Unternehmensvertretern vorgesehen ist und die Delegation nicht nur im Schnelldurchlauf mit diversen Firmen konfrontiert wird.

Kontakte über Mittelsmänner

Über einen Mittelsmann einen potenziellen neuen Geschäftspartner, insbesondere große Unternehmen, zu kontaktieren, verkürzt auch heute noch den Weg zur erfolgreichen Geschäftsanbahnung erheblich. Oft wirkt es bereits Wunder und erspart Ihnen viel Zeit, wenn Sie jemanden kennen, der **gute Beziehungen zu Behörden, Organisationen, Unternehmen oder auch zu hochrangigen Persönlichkeiten pflegt** und eine passende Verbindung herstellt. Doch rechnen Sie damit, dass diese **Vermittlung etwas kostet,** rund drei bis fünf Prozent des Vertragswertes sind üblich. Für einen Mittelsmann sind seine Guanxi-Beziehungen (Siehe dazu auch Seite 15.) sein Kapital. Sie sollten daher vor der Kontaktaufnahme abwägen, ob es sich lohnt, diese Option zu nutzen.

Kontakte per E-Mail und Telefon

Eine erste Kontaktaufnahme per E-Mail ist oft ein Glücksspiel, je nachdem auf welcher Hierarchiestufe Ihre Nachricht zuerst gelesen wird. Erhalten chinesische Geschäftsleute eine E-Mail-Anfrage von einem ausländischen Unternehmen, werden sie umgehend im Internet recherchieren und versuchen, mehr Informationen zu erhalten. Bei einem positiven Ergebnis ist man bemüht, schnellstens zu reagieren. Sind allerdings keine Informationen über das anfragende Unternehmen auffindbar, landet die E-Mail schnell im Papierkorb. Zu empfehlen ist daher, dass Sie in Ihrer Anfrage stets deutlich eine **Kontaktadresse** und Ihre **Webseite** angeben. Nennen Sie außerdem den Grund, weshalb gerade diese chinesische Firma Ihr Interesse gefunden hat. Erst nach einer solchen ›**Präsentations-E-Mail**‹ ist es empfehlenswert, von sich aus in der chinesischen Firma anzurufen. Ein Anruf aus dem Ausland wird normalerweise direkt an die Führungsebene weitergeleitet.

Einen guten Eindruck machen

Um bei ersten persönlichen Treffen mit Chinesen einen guten Eindruck zu hinterlassen, ist es hilfreich, einige grundlegende Umgangsregeln zu beherrschen:

Chinesen begrüßen sich mit einem sehr weichen **Handschlag**. Dabei sagen sie ›*Nin hao!*‹ (›Guten Tag!‹). Gleich danach wird eine **Visitenkarte** mit beiden Händen so überreicht und entgegengenommen, dass der Empfänger diese gut lesen kann. Der Blickkontakt ist dabei flüchtig. Achten Sie darauf, dass Sie Visitenkarten mit Wertschätzung empfangen, behandeln und schließlich sorgfältig in einem Visitenkartenetui aufbewahren.

Grundsätzlich begrüßen sich die hochrangigen Personen zuerst und erst danach die übrigen Mitarbeiter. Dabei kommen ein paar Worte auf Chinesisch immer gut an. Treffen Gruppen aufeinander, sollte der Ranghöchste immer einen Schritt vor seinem begleitenden Team stehen. Bei der **gegenseitigen Vorstellung** spielen Respekt und Wertschätzung sowie der erste Eindruck eine wesentliche Rolle. So sollten hochrangige Personen und Ältere immer mit besonderer Hochachtung behandelt werden.

Produkte und Leistungen präsentieren

Wer auf Messen oder bei potenziellen chinesischen Kunden seine Produkte und Leistungen vorstellen möchte, sollte bei **Printmaterialien,** wie Unternehmens- oder Produktbroschüren und technischen Datenblättern, großen Wert auf eine gute Druckqualität legen. Alle Materialien sollten zumindest in englischer Sprache verfasst sein. Beachten Sie auch, dass Chinesen gerne zusätzliche Informationen über die Stadt oder die Lage mit Standort des anbietenden Unternehmens vorfinden. Ergänzende Informationen in Form von **Videofilmen** zum Unternehmen oder zu Produkten sind stets willkommen. Verteilen Sie Ihre Materialien großzügig.

Bei **Präsentationen,** beispielsweise mit PowerPoint, gilt ebenfalls die englische Sprache als Mindestanforderung. Jedoch kann eine zusätzliche chinesische Basisversion in Form eines Handouts wahre Wunder wirken. Chinesen lieben übrigens **Farben** und benutzen diese auch gerne in ihren eigenen Präsentationen wie auch Printmaterialien. (Mehr zum chinesischen Präsentationstil lesen Sie in Kapitel 4 ab Seite 39.)

Produktmuster spielen wie in vielen anderen Ländern auch in China eine große Rolle und sollten nach Möglichkeit physisch vorgestellt oder zumindest in Form von qualitativ guten Fotos präsentiert werden.

Generell gilt, dass Europäer sich und ihr Unternehmen höflich und zurückhaltend, aber selbstbewusst präsentieren sollten.

Visitenkarten

Bei allen Treffen mit Chinesen sollten Sie Visitenkarten **in größerer Stückzahl** dabei haben, denn sie werden bei jeder Gelegenheit überreicht. Vermeiden Sie also die sehr peinliche Situation, Ihre letzte Visitenkarte 50 mal kopieren und zurechtschneiden zu müssen. Ihre Visitenkarten sollten zumindest in englischer Sprache verfasst sein. Eine chinesische Sprachversion auf der Rückseite ist unbedingt empfehlenswert.

Von besonderer Bedeutung ist die Darstellung Ihres **Titels**. Denn er bestimmt, mit welchem chinesischen Gesprächspartner Sie auf welchem vergleichbaren Hierarchielevel reden und verhandeln werden. Je höher der Titel, desto näher gelangen Sie an den wichtigen endgültigen Entscheidungsträger.

Beziehungsaufbau

Geschäftsleute aus dem deutschsprachigen Raum sind es gewohnt, auf einer sachorientierten Ebene zusammenzuarbeiten. Dabei sind persönliche Beziehungen und deren Aufbau von untergeordneter Bedeutung. Solange das Produkt, der Preis und der Service stimmen, kann man miteinander Geschäfte machen.

Ganz anders laufen die Dinge in einer beziehungsorientierten Geschäftskultur wie der chinesischen. Der Aufbau von persönlichen Beziehungen zu potenziellen Geschäftspartnern spielt hier in der Geschäftsanbahnung eine ganz wesentliche Rolle. Wenn sich eine mögliche Zusammenarbeit konkretisiert, werden **gegenseitige Besuche** vereinbart. Im Mittelpunkt stehen dabei gemeinsame Abendessen oder Freizeitveranstaltungen, bei denen nicht über Geschäftliches, sondern **über Privates** wie Familie, Hobbys etc. gesprochen wird. (Mehr dazu finden Sie in Kapitel 8 ab Seite 80.)

In vielen Fällen sind diese Beziehungen nicht nur Voraussetzungen für Geschäfte, sie kompensieren gegebenenfalls sogar Defizite bei Qualität, Preis oder Leistungen. Ein chinesisches Sprichwort lautet: ›Auch wenn es mit dem Geschäft nicht klappt, hat die persönliche Beziehung weiter Bestand.‹ Dieser Prozess des Beziehungsaufbaus kann recht **zeitaufwendig** und unter Umständen auch kostspielig sein. Wer aus Zeitgründen oder mangels Verständnis diesen Schritt überspringen will, wird mit Reibungsverlusten bis hin zum Abbruch der Gespräche rechnen müssen. Auch in späteren Verhandlungen und für anschließende Entscheidungen werden Sie gute persönliche Beziehungen zu neuen Geschäftspartnern maßgeblich schätzen lernen, denn sie helfen über viele Hürden hinweg.

Möglichkeiten der Kontaktpflege

Einmal geknüpfte Kontakte sollten Sie also gut pflegen, z. B. durch Telefonate, E-Mails, Treffen und gesellige Essen. Gegenseitige persönliche Besuche sind in China mit Abstand die beste Art der Beziehungspflege, allerdings von Europa aus auch die kostspieligste. Rechnen Sie unbedingt damit, dass Sie von Ihren neuen chinesischen Geschäftspartnern auch **sehr kurzfristig Terminanfragen** erhalten werden, wie: ›Ich bin gerade in der Nähe und würde Sie

gerne besuchen!‹ ⬛ GKCHI6 (Dialog mit einem chinesischen Geschäftspartner) Kommen chinesische Geschäftspartner zu Ihnen, laden Sie
sie unbedingt zu einem **Geschäftsessen** ein. (Mehr dazu in Kapitel 8 ab Seite 81.) Chinesen lieben während einer Dienstreise
zudem **kurze Ausflugsprogramme.** Nicht selten wird erwartetet,
dass der Gastgeber für die Kosten abendlicher Veranstaltungen,
Mittagessen und kurzer Ausflüge etc. aufkommt.

Daneben gilt: Eine E-Mail ist schnell versandt, aber sie bietet
keinen Ersatz für ein persönliches Telefonat. Nutzen Sie daher
das **Telefon** deutlich häufiger für die Kommunikation, als Sie
dies in der westlichen Geschäftswelt tun würden. Ganz gleich,
wie gut oder schlecht Sie sich verständigen können, der persönliche Kontakt zählt.

Zu wichtigen Feiertagen schicken sich chinesische Geschäftspartner gegenseitig **Glückwunschkarten** oder einen SMS-Gruß.
Auch das sollten Sie beherzigen.

Geschenke und Mitbringsel

Kleine Geschenke erhalten die Freundschaft. Gerne angenommen werden beispielsweise lokale Spezialitäten oder auch die
Gesundheit fördernde Nahrungs- und Genussmittel. Früchte,
Weingummis, Süßigkeiten etc. sind ebenfalls gerne gesehen,
wenn man sich schon etwas kennengelernt hat. Geht es um
wichtige Gespräche, sind auch etwas höherwertige, in Europa
hergestellte Geschenke angebracht, wie bekannte Parfums, Pra-
linen, Kuckucksuhren oder Markenschreibwaren. Bei sehr wichtigen Anlässen ist ein modernes E-Produkt, wie beispielsweise
ein iPad, angebracht.

Auf einen Blick

- Potenzielle chinesische Geschäftspartner über einen Mittelsmann zu kontaktieren, ist immer noch die effizienteste Methode.
- Bei ersten Kontakten sollten Sie nicht forsch und locker auftreten, sondern zurückhaltend, aber selbstbewusst.
- Persönliche Treffen und Gespräche mit Chinesen schaffen die besten Voraussetzungen für eine erfolgversprechende Geschäftsanbahnung.
- Printmaterialien sollten hochwertig sein und zumindest in englischer – besser noch in chinesischer – Sprache verfasst sein.

Achtung!

- Um an schnelle Geschäfte zu kommen, präsentieren sich viele chinesische Unternehmen oft einflussreicher und bedeutender, als sie wirklich sind. Daher gilt es, vor einer Geschäftsaufnahme über potenzielle Partner verlässliche Informationen einzuholen.

3

Kommunikation und Wirkung

Hochchinesisch, im Westen ›Mandarin‹ genannt, ist die moderne chinesische Sprache, die fast jeder Chinese beherrscht. Sie wird in der Schule wie auch in den Medien verwendet. Daneben werden in China mehr als 80 Dialekte und Minderheitensprachen gesprochen. Das Hochchinesisch hat zwei Schriftformen: Chinesische Schriftzeichen und die Pinyin-Lautschrift, z. B. 中国 – ›zhōngguó‹ für ›China‹. Im Reisepass wird beispielsweise der Name in Pinyin-Lautschrift geschrieben. Sie ist mittlerweile fast zur zweiten Amtssprache geworden.

Englisch ist landesweit die erste Fremdsprache. Geschäftsreisende müssen sich dennoch darauf einstellen, bei den meisten chinesischen Geschäftspartnern noch auf große Sprachprobleme zu treffen. Viele Chinesen verstehen einfaches Englisch, ihnen fehlt aber häufig die Sprachübung. Junge Chinesen mit guter Ausbildung oder mit Auslandsstudium beherrschen oftmals ein verhandlungssicheres Englisch. In großen Städten, insbesondere an der Ostküste, gibt es immer mehr Unternehmen, in denen zumindest die Ansprechpartner für internationale Kontakte über ein sicheres Englisch verfügen. Aber auch wenn Sie in Shanghai oder in Beijing einen solchen Gesprächspartner haben, seine Kollegen müssen deswegen noch lange kein Englisch sprechen. Zudem können sehr unterschiedliche **Akzente** die Verständigung auf Englisch erschweren. In diesem Fall benötigen Sie sehr gute Englischkenntnisse, sofern Sie auf einen

Dolmetscher verzichten wollen. ▤ GKCHI7 (Video: Chinese English: ›Chinglish‹)

Kommunikation mittels Dolmetscher

Generell ist es empfehlenswert, sich bei neuen chinesischen Geschäftspartnern zu erkundigen, ob die Teilnehmer eines Meetings gut Englisch sprechen, oder ob zur besseren Verständigung ein Dolmetscher hinzugebeten werden sollte. Ein Gesprächstermin bei einer Firma in einer kleinen Stadt erfordert meistens einen Dolmetscher. Seien Sie zudem darauf vorbereitet, dass die von Ihren chinesischen Partnern vor Ort hinzugezogenen ›Übersetzer‹ in vielen Fällen **selbst kein gutes Englisch sprechen,** sodass eine Verständigung nur sehr eingeschränkt möglich ist. Daher gilt es unbedingt vorher zu klären, ob ein ›echter‹ Dolmetscher mit sehr guten Englischkenntnissen zur Verfügung stehen wird.

Bei wichtigen Verhandlungen ist es ratsam, dass jede Seite ihren eigenen Dolmetscher stellt, um **Interessenkonflikte und Missverständnisse** im Voraus zu vermeiden. Treffen Sie sich unbedingt vorher mit Ihrem Dolmetscher, um Vorgehensweisen und Gesprächsthemen zu besprechen. Viele Unternehmen versäumen es sträflich, ihre Dolmetscher vor Gesprächen ausführlich zu informieren und sie auf **unternehmensspezifische Terminologien** in beiden Sprachen vorzubereiten. Ermutigen Sie Ihren Dolmetscher, bei Verständnisproblemen nachzufragen.

Neben sprachlichen und gewissen fachlichen Kenntnissen sollte ein Dolmetscher auch soziale und **interkulturelle Kompetenzen** mitbringen. Ein guter Dolmetscher wird nicht immer alles direkt übersetzen, sondern interkulturelle Kommunikationsunterschiede berücksichtigen und seine Übersetzungen anpassen. Darüber hinaus gibt er in Besprechungen Tipps, welche Verhaltensweisen und Reaktionen gerade zielführend sein könnten. Nehmen Sie sich jedoch in Acht vor ›machtergreifenden‹ **Dolmetschern,** die ständig mit Ihren chinesischen Geschäftspartnern ohne Ihre Beteiligung lange Diskussionen führen.

Gut zu wissen: Bei Gesprächen mittels Dolmetscher sollten Sie **Ihre chinesischen Geschäftspartner anreden**, nicht den Dolmetscher. Sprechen Sie langsam und in kurzen Sätzen. Vergessen Sie nicht, kurze Pausen für den Dolmetscher einzulegen. Aufgrund der Übersetzungen sollten Sie für jeden Besprechungstermin mehr Zeit einplanen.

Chinesischer Kommunikationsstil

Chinesen sprechen oft lauter und schneller als deutschsprachige Europäer, verbunden mit einer **facettenreicheren Intonation.** Es liegt eine ganze andere ›Tonalität‹ in der Stimme. Teilweise hört sich ihr Sprechen für unsere Ohren recht abgehackt an.

Entscheidend ist jedoch, dass Chinesen einen **beziehungsorientierten** Kommunikationsstil pflegen. Nicht die Sache, sondern **die Menschen stehen im Mittelpunkt** einer Unterhaltung. Bei einer Auseinandersetzung werden Chinesen daher schnell einlenken, jedoch aus Höflichkeit und nicht unbedingt aus Überzeugung.

In den deutschsprachigen Ländern wird hingegen primär sachlich kommuniziert, was bei vielen Chinesen aggressiv und unfreundlich ankommt. Im Gegensatz zu dieser direkten Kommunikation, bei der alles konkret angesprochen wird, ist die rein chinesische Kommunikation indirekt. 🔖 GKCHI8 (Beitrag des Autors: Versteh' einer die Asiaten)

Sachorientierte deutschsprachige Kommunikation	Beziehungsorientierte chinesische Kommunikation
■ Direkt, sachlich	■ Indirekt, persönlich
■ Ehrlich, kritisch	■ Diplomatisch, diskret
■ Offene Konflikte	■ Vermeidung von Konflikten, Harmoniestreben
■ Das ist schlecht / gut.	■ Das ist gut / besser.
■ Was man sagt, ist wichtiger, als wie man es sagt.	■ Wie man es sagt, ist wichtiger, als was man sagt.

Auf diesen **traditionell indirekten Kommunikationsstil** werden Sie vor allem in vielen chinesischen Staatsbetrieben und in großen privaten Firmen treffen. Wie man etwas sagt, ist dann viel wichtiger, als was man sagt. In der Kommunikation mit diesen

Unternehmensvertretern sind in erster Linie eine **ausgezeichnete Menschenkenntnis** und eine **scharfe Beobachtungsgabe** von Vorteil. Sachkenntnis kommt erst an zweiter Stelle. In vielen moderneren privaten wie auch ausländisch geführten Unternehmen verändert sich die Kommunikation jedoch zunehmend. Dort wird ein Chinese mit seinen ausländischen Geschäftspartnern oder Kollegen direkter sprechen als mit seinen chinesischen Kollegen.

Auch die **hierarchische Stellung** einer Person nimmt Einfluss auf ihren Kommunikationsstil. Grundsätzlich kann sich ein chinesischer Vorgesetzter eher erlauben, mit seinen Mitarbeitern in direkter Weise zu reden. Ein Mitarbeiter wird dies nicht bei seinem Chef wagen. Aber ein direkter Chef wird seine kritischen Worte ebenfalls indirekt formulieren, wenn ihm sein Gegenüber sehr wichtig ist.

»Ich bemühe mich immer zu vermeiden, mich in Streit mit Mitarbeitern zu verwickeln. Wer gewinnt beim einem Streit? Niemand! Am Ende muss ich mich womöglich noch wegen meiner übertriebenen Reaktion bei anderen entschuldigen und die persönliche Beziehungen wieder in Ordnung bringen. Ich verliere dabei doch nur mein Gesicht. Lieber zeige ich gleich zu Beginn einer heftigen Diskussion meine Geduld und Toleranz. Und das führt sogar dazu, dass anderen ihr erregtes Verhalten peinlich ist und sie mehr Bereitschaft zur Lösung von Problemen zeigen.«
Herr Yao Qiang*, Personalabteilung eines westlichen Großunternehmens in Shanghai

Je älter bzw. höher ein Gesprächspartner in einer Unternehmenshierarchie angesiedelt ist, desto respektvoller und höflicher wird man mit ihm kommunizieren. Bei abweichender Meinung wird man ihm **nicht widersprechen**. In China schätzt man primär **Anpassungsfähigkeit und Selbstbeherrschung,** während man im deutschsprachigen Raum authentisches Verhalten und kritische Offenheit für wichtiger hält. Dies spiegelt sich in den unterschiedlichen Kommunikationsstilen wider.

---

*   Name geändert

Small Talk

Zum Aufbau und Erhalt persönlicher Beziehungen spielt der Small Talk in China eine wesentliche Rolle. Um eine gute Stimmung zu schaffen, sind **Komplimente** über China und alles Chinesische immer ein guter Anfang. Für die Themenwahl gibt es keine strengen Taburegeln. Jedoch sind kritische Themen, wie die Studentenunruhen am Tian'anmen 1989, Konflikte mit Tibet und Taiwan, Zensur, Korruption und Menschenrechte sicherlich nicht geeignet, um persönliche Beziehungen positiv zu beeinflussen. Es kommt natürlich darauf an, in welcher Situation und mit wem, aber auch wie man über solche Themen diskutiert. Werden sensible Themen einmal von Chinesen angesprochen, sollten Sie nicht versuchen, sachlich-objektiv, sondern eher **zurückhaltend und höflich zu argumentieren.**

Geeignete Themen	Kritische Themen
▪ Anreise	▪ Studentenunruhen am Tian´anmen (1989)
▪ Essen	▪ Konflikte mit Tibet / Taiwan
▪ Schönheit des Landes	▪ Medienpolitik / Zensur
▪ Hobbys und Sport	▪ Korruption
▪ Wetter	▪ Menschenrechte
▪ Sitten u. Gebräuche	▪ Gehalt
▪ Shopping	▪ Aberglauben
▪ Kinder, Familie, Eltern	
▪ Erziehung und Beruf	
▪ Aktuelle News	
▪ Geschichte	
▪ Heimatstadt	

Humor

Aufgrund des unterschiedlichen kulturellen Hintergrundes werden westlicher Humor und **Witze** von den meisten Chinesen nicht verstanden. Auch Eröffnungsanekdoten und Scherze, z.B. zu Beginn einer Präsentation, wirken meist kontraproduktiv. Ernsthaftigkeit hingegen signalisiert chinesischen Partnern den gegenseitigen Respekt. Deswegen sollten Witze bei geschäftlichen Treffen besser vermieden werden.

Zustimmung und Ablehnung

Für westliche Geschäftsleute ist es oft schwierig zu erkennen, ob ein chinesischer Gesprächspartner einer Sache oder einem Vorschlag zustimmt oder nicht. Um die Harmonie nicht zu gefährden oder auch aus **Angst vor Gesichtsverlust** (Siehe dazu Seite 15.) vermeiden Chinesen es, Ablehnung direkt zu äußern. Daher hört man selten ein klares ›Nein‹, sondern stattdessen eher ein ›Ja‹ bzw. **ausweichende Formulierungen**. Chinesen sind in der Lage, diese feinen Nuancen in der Kommunikation zu erkennen, doch wir Westler nehmen diese nur wahr, wenn wir entsprechend sensibilisiert sind. Versuchen Sie also, sich darauf einzustellen, dass Ablehnung indirekt ausgedrückt wird, durch Aussagen wie beispielsweise:

> ›*This is very difficult for us.*‹
> ›*We have to think about this.*‹
> ›*We basically agree, BUT....*‹

Daneben gibt es einige **deutliche Signale,** wie:

- Schweigen oder Zögern
- Gegenfragen
- Ablenken vom Thema
- Stellen von extremen Bedingungen
- Kurzfristige ersatzlose Verschiebungen, begleitet von einer Aussage wie: ›Ich kann den Termin heute nicht einhalten. Aber sobald ich Zeit habe, melde ich mich.‹

Seien Sie daher auch vorsichtig mit Fragen, auf die Chinesen nur mit ›Ja‹ oder ›**Nein**‹ antworten können! Um einen Gesichtsverlust zu vermeiden, erhalten Sie im Zweifel immer ein ›Ja‹, auch wenn ›Nein‹ gemeint ist. Für den weiteren Gesprächsverlauf besser geeignet sind daher die ›**W-Fragen**‹ (Wie, Warum, Wo, …?).

Kritik äußern

Auf direkte Kritik reagieren Chinesen sehr viel empfindlicher als wir im deutschsprachigen Raum. Wer in China Kritik üben möchte, sollte unbedingt berücksichtigen, dass der Kritisierte sein Gesicht wahren möchte. (Mehr dazu siehe Seite 15.) Auch bei uns heißt es: ›Nun nimm das doch nicht so persönlich!‹ Chinesen nehmen Kritik **fast immer persönlich.** Eine sachliche Kritik, wie im deutschsprachigen Raum hochgehalten, kennt man in China nicht. Stattdessen heißt es: ›Lob wirkt wie Sonnenschein, Kritik wie eiskalter Wind.‹ Daher kann Kritik, auch wenn sie neutral formuliert ist, schnell zu **erheblichen persönlichen Verstimmungen** zwischen Geschäftspartnern und bei dem Kritisierten zu Gesichtsverlust führen.

Chinesen werden Kritik auf **indirekte Art und Weise** üben, z. B.:

- **Kritik mit Lob verbinden:** ›Wir sind sehr froh, dass wir Sie an Bord haben und Sie das Projekt so maßgeblich vorangetrieben haben. Allerdings …‹
- **Freundlich Hilfe anbieten:** ›Mr. Wang, kann es sein, dass die Qualität dieser Produkte nicht die gleiche ist, die wir vereinbart haben? Wollen wir noch einmal gemeinsam in die Spezifikationen schauen? Vielleicht haben Sie etwas übersehen?‹
- **Kritik Dritter anführen:** ›Wir haben von einigen Kunden Berichte erhalten, dass es bei dem Produkt X Qualitätsprobleme gibt. Könnten Sie das einmal überprüfen?‹
- **Betonung des Wunschzustandes:** ›Wir müssen unbedingt die qualitativen Abweichungen von zwei Prozent auf 0,5 Prozent herunterfahren.‹

Geben Sie chinesischen Geschäftspartnern oder Mitarbeitern die Chance, **von sich aus** über gemachte Fehler zu sprechen. Das ist deutlich besser, als sie zu kritisieren. Vor Ort können auch bei einem gemeinsamen Drink nach der Arbeit einmal kritische Punkte unter vier Augen angesprochen werden.

Wie Kritik aufgenommen wird, hängt auch mit dem individuellen Charakter des Kritisierten zusammen. Bei sensiblen und defensiven Menschen sollte Kritik vorsichtiger vorgebracht werden als bei kritikfesten und offensiven Menschen. Auch haben sich viele Chinesen in falsch verstandener Manier das **westliche Kritiküben angeeignet** und kritisieren teils schon direkter als im deutschsprachigen Arbeitsleben vertretbar wäre. (Siehe dazu auch Seite 16.) Dennoch empfehlen wir, kritische Punkte stets sehr zurückhaltend zu kommunizieren.

Körpersprache

Mimik und Gestik fallen im chinesischen Geschäftsalltag sehr gleichförmig aus. Gefühlsregungen wie Freude, Enttäuschung oder Verärgerung, die bei westlichen Managern durchaus sichtbar werden, werden Chinesen kaum zeigen. Eine **ernste Miene** ist daher meist kein Zeichen für Ablehnung oder einen schlechten Verlauf der Gespräche, sondern drückt eher Respekt gegenüber den Gesprächspartnern aus. Auch eine aufrechte, fast steif anmutende gerade Sitzposition am Konferenztisch zeugt von Respekt, und nicht etwa davon, dass Sie etwas falsch gemacht haben oder eine kritische Situation im Entstehen ist. Sie werden entsprechend überrascht sein, wie ausgelassen Ihre chinesischen Geschäftspartner bei gemeinsamen abendlichen Veranstaltungen lachen können.

Ständiger **Blickkontakt** wird mit einem Mangel an Respekt gleichgesetzt, insbesondere gegenüber deutlich höhergestellten Gesprächspartnern. In moderneren Unternehmen verliert dies allerdings immer mehr an Bedeutung.

Schweigen ist ein Mittel der Kommunikation, das in unseren Breitengraden kaum zum Einsatz kommt. Es wird bei uns sogar vermieden, wo es nur geht. Daher tun wir uns mit dem chinesischen Schweigen besonders schwer. Das Schweigen unserer chinesischen Gesprächspartner kann bedeuten, dass sie über etwas nachdenken. Sie werden aber auch schweigen, um auf heikle Fragen nicht zu antworten und um einen Gesichtsverlust zu vermeiden. Weil Chinesen in vielen Situationen kein ›Nein‹ aussprechen möchten, kann Schweigen auch ein indirektes ›Nein‹ signalisieren (Siehe dazu auch den Abschnitt *Zustimmung und Ablehnung* auf Seite 30).

Lächeln hat oft damit zu tun, dass wir unsere chinesischen Gesprächspartner in eine unangenehme oder gar peinliche Situation gebracht haben. Wenn ein chinesischer Manager mit einem geschäftlichen Misserfolg konfrontiert wird und er dabei lächelt, versucht er, seine Verlegenheit zu kaschieren.

Das im deutschsprachigen Raum typische **Schulterzucken** für ›keine Ahnung‹ irritiert Chinesen. Auch mit dem **Zeigefinger** auf andere zu zeigen, wirkt auf sie sehr aggressiv. Stattdessen deutet man in China mit der ganzen Hand auf jemanden oder winkt ihn mit heruntergehaltener Hand heran.

Unsere immer populärer werdenden **Umarmungen** als Form der freundschaftlichen Begrüßung werden insbesondere von chinesischen Frauen als unpassend oder gar als Beleidigung aufgefasst und sind daher unbedingt zu vermeiden.

Geschäftskorrespondenz

Erste E-Mail-Kontakte oder schriftliche Anfragen werden in China eher **formal** gehalten. Nach mehreren Treffen oder auch Kontakten können E-Mails jedoch schnell lockerer formuliert werden. Chinesen sind es gewohnt, auf ihre E-Mails **eine schnelle Antwort** (innerhalb von 24 Stunden) zu erhalten, auch wenn es nur eine kurze Empfangsbestätigung ist.

Noch ein Tipp: Benötigen Sie in einer dringenden Sache die Unterstützung der chinesischen Seite, betonen Sie nicht so sehr die Wichtigkeit der Angelegenheit für Sie selbst, sondern die **bedeutende Rolle Ihres chinesischen Gegenübers** in der Sache. Statt ›*Please send these documents urgently by August 15th!*‹ ist es besser zu schreiben: ›*I know that you are very busy these days, but I need your support. Only you can help me in this matter. Do you think you could send these documents by August 15th?*‹

Namen und Anrede

Über 95 Prozent der chinesischen Nachnamen sind einsilbig, die Vornamen sind entweder zwei- oder einsilbig. Die vier häufigsten chinesischen Nachnamen sind *Zhang*, *Wang*, *Li* und *Zhao*. In China wird der **Familienname dem Vornamen vorangestellt.** Allerdings passen sich Chinesen im internationalen Geschäft allmählich immer mehr der westlichen Namensreihenfolge an.

Chinesen schreiben ihre latinisierten Nachnamen oft in **Großbuchstaben,** damit man Vor- und Nachnamen schnell voneinander unterscheiden kann. Daher ist es hilfreich, wenn auch wir, z.B. in E-Mail-Signaturen, unsere Nachnamen in Großbuchstaben setzen.

Ähnliches gilt für die **Unterscheidung der Geschlechter** allein anhand der Vornamen. Unklarheiten lassen sich hier leicht dadurch vermeiden, dass dem Namen ein ›Mr.‹ oder ›Mrs.‹ angehängt wird, z. B. ›*Beatrice KARNER (Mrs.)*‹.

Viele junge Chinesen legen sich für die Kommunikation mit Ausländern einen westlichen Vornamen zu. Sie bieten dann schnell die **Anrede mit dem Vornamen** an. Höhergestellte Geschäftspartner werden sie jedoch meist weiter mit ›Mr.‹ oder ›Mrs.‹ plus Nachname adressieren, es sei denn, diese bieten ihnen ebenfalls die Anrede mit dem Vornamen an.

Auf einen Blick

- Dolmetscher sind in Meetings und Verhandlungen mit chinesischen Geschäftspartnern oft unersetzlich.
- Sprechen Sie langsam und unterbrechen Sie andere nicht.
- In China wird indirekt kommuniziert. Vieles steht zwischen den Zeilen. Damit soll die Harmonie unter den Geschäftspartnern gewahrt bzw. der allseits gefürchtete Gesichtsverlust vermieden werden.
- Eine höfliche Kommunikation unterstreicht den angemessenen Respekt vor höhergestellten und älteren Geschäftspartnern oder Kollegen.
- Zum Aufbau von persönlichen Beziehungen sollten Sie sich unbedingt in der Kunst des Small Talks üben.

Achtung!

- Vorsicht vor Chinesen, die selbst nicht perfekt Hochchinesisch sprechen und dolmetschen sollen.
- Trennen Sie sich besser von Dolmetschern, die häufig mit Ihren chinesischen Geschäftspartnern ohne Ihre Beteiligung diskutieren.
- Durch direkte Kritik können Sie anderen einen Gesichtsverlust zufügen. Kritik wird von Chinesen immer persönlich genommen.

Geschäftsfrauen in China

Nach Konfuzius – und damit für über 2.000 Jahre – gehörten die Frauen ins Haus und waren für die Familie und die Kindererziehung zuständig. Fertigkeiten im Haushalt waren wichtiger als ihre Wissensbildung. Die Rolle der Frau hat sich allerdings im Kommunismus ab 1949 radikal geändert. Mit der Gründung der VR China trugen die Frauen laut Mao Tse-tung plötzlich ›die Hälfte des Himmels‹ und waren damit gleichberechtigt. Bis heute hat sich daran nichts geändert. Die **Gleichberechtigung** ist in China in weiten Bereichen sogar weiter fortgeschritten als im deutschsprachigen Teil Europas.

Chinesische Frauen sind also auch im Geschäftsleben den Männern gleichgestellt. Immer mehr Frauen bekleiden Führungspositionen. Von ihren männlichen Kollegen werden sie respektiert, manchmal jedoch als ›**Tigerfrauen**‹ bezeichnet. Chinesische Männer haben aber generell kein Problem damit, mit Frauen zusammenzuarbeiten oder eine Frau als Vorgesetzte zu akzeptieren. Im modernen China zählt die Leistung, nicht das Geschlecht.

Als Geschäftsfrau aus dem deutschsprachigen Raum können Sie im Umgang mit Chinesen eine Gleichbehandlung erwarten. Es gilt die **hierarchische Rangordnung**. Lediglich im privaten Bereich, unter modern denkenden Chinesen, werden Sie vielleicht das Prinzip ›Ladies first‹ erfahren.

Obwohl sich Geschäftsfrauen im Tagesgeschäft völlig gleichberechtigt fühlen, kann sich ein Geschäftsessen (Mehr dazu lesen Sie in Kapitel 8 ab Seite 81.) mit männlichen chinesischen Partnern oder Kollegen als eine Herausforderung darstellen. Denn wenn viel Alkohol fließt und die Stimmung ausgelassen ist, werden auch schon einmal erotische Anspielungen oder Witze gemacht, über die Sie am besten hinwegsehen. Viele Chinesen nehmen sich jedoch beim Alkoholkonsum in Gegenwart von Frauen tendenziell eher zurück.

Bevor Sie mit Ihren chinesischen Geschäftspartnern Meetings
planen und durchführen, sollten Sie versuchen, die Ziele (z. B.
Unternehmensvorstellung, Informationsaustausch, Entwicklung
von Ideen und Plänen, Verhandlungen, Entscheidungsfindung,
Konfliktlösung) festzulegen und mit allen Beteiligten **rechtzeitig
abzustimmen.** Denn Missverständnisse und Reibungsverluste
können schnell dadurch entstehen, dass Sie beispielsweise Gespräche führen möchten, die zu konkreten Entscheidungen führen, während die chinesische Seite danach strebt, Sie erst einmal
näher kennenzulernen und eine tragfähige persönliche Beziehung aufzubauen.

Rechnen Sie auch damit, dass Termine **kurzfristig verlegt**
werden. Zeigen Sie dann die nötige Flexibilität.

Teilnehmer eines Meetings

In China ist es wichtiger als bei uns, mit Gesprächspartnern
auf **vergleichbarer Hierarchieebene** zu sprechen und später
zu verhandeln. Als Geschäftsführer oder hochrangiger Manager verlieren Sie an Respekt, wenn Sie mit einem Chinesen auf
niedrigerer Ebene kommunizieren. Je höher Ihr chinesischer Ansprechpartner in der Hierarchie angesiedelt ist, desto größer sind
seine Entscheidungsbefugnisse. Stimmen Sie daher genau ab,

wer an den geplanten Treffen teilnimmt und welche Funktionen die Personen im Unternehmen innehaben. Stellen Sie sicher, dass diejenigen anwesend sind, die **auf einem vergleichbaren hierarchischen Level** sind und die entsprechende Fachebene vertreten.

Zur ersten Begrüßung ausländischer Gäste und um ihnen Respekt zu erweisen, nehmen häufig **hochrangige Unternehmensvertreter** an Meetings teil, selbst wenn sie nur 15 Minuten dabei sein können. Oft sind sie zusätzlich bei abendlichen Geschäftsessen (Siehe dazu auch Kapitel 8 ab Seite 81.) anwesend. In Meetings mit wichtigen Personen werden Sie in China oft **mehr Teilnehmer antreffen**, als Sie das aus der deutschsprachigen Geschäftswelt gewohnt sind. Dies gilt insbesondere für erste Treffen, wenn es darum geht, sich kennenzulernen. Mit vielen werden Sie persönlich nicht wieder zu tun haben.

Die **Sitzordnung** betreffend, gibt es unterschiedliche Regeln: Besucht ein Ausländer ein chinesisches Unternehmen, sitzt er meist rechts neben dem Gastgeber. Wird eine ausländische Delegation empfangen, sitzt diese an einer Längsseite des Konferenztisches den chinesischen Gastgebern gegenüber. Die jeweiligen Chefs sitzen in der Mitte. Es ist aber auch möglich, dass ein Gespräch in einem Besuchszimmer mit Sofas stattfindet.

Ablauf eines Meetings

Nach Ihrem Eintreffen erfolgt zunächst die **Begrüßung** per Handschlag mit Überreichung der jeweiligen **Visitenkarten**. (Mehr zum Thema *Begrüßung* lesen Sie in Kapitel 2 ab Seite 20.) Das Abholen vom Flughafen oder Hotel ist heute nicht mehr selbstverständlich.

Haben alle ihre Plätze im Konferenzraum eingenommen, folgt ein Warm-up mit **Small Talk**. Bei Treffen mit einem einzelnen Gesprächspartner sollten Sie sich dafür besonders viel Zeit nehmen. (Alles zum Thema *Small Talk* lesen Sie in Kapitel 4 ab Seite 29.)

Idealerweise werden in wichtigen Meetings **Begrüßungsworte** oder kurze Eröffnungsreden des höchstrangigen Gastgebers und des höchstrangigen Gastes zum Besten gegeben.

Eröffnungswitze oder Anekdoten sind dabei fehl am Platz. Sie können gleich zu Beginn zu Irritationen führen. Darüber hinaus werden bei Erstkontakten kurze **Unternehmenspräsentationen** (Siehe dazu ab Seite 39.) vorgetragen, ebenfalls von den höchstrangigen Vertretern. Bei erneuten Zusammenkünften präsentieren und reden die Fachverantwortlichen. Chinesische Chefs halten sich dann eher zurück.

Eine feste **Agenda** ist für Meetings in China nicht die Regel, sondern eher die Ausnahme. Sollten Sie auf bestimmte Agendapunkte Wert legen, ist es sinnvoll, diese schon im Voraus vorzuschlagen und ein entsprechendes Feedback einzuholen. Chinesen gehen bei Besprechungen eher **ganzheitlich** vor, d. h. sie arbeiten Themen nicht sukzessive ab, sondern springen je nach Bedarf zwischen einzelnen Punkten hin und her. Insbesondere, wenn eine Übereinstimmung schwierig zu erreichen ist, wechseln sie gerne vorübergehend zu einem unkomplizierten Agendapunkt und kommen nach dieser ›**Abkühlungsphase**‹ wieder zum ursprünglichen Punkt zurück. Denken Sie daran, dass kritische Äußerungen in einem Meeting schnell zu Gesichtsverlust (Siehe dazu auch Seite 15.) führen können.

Punkte oder Probleme, über die Sie Ihre chinesischen Gesprächspartner im Vorfeld nicht informiert haben, spontan vorzubringen und diskutieren zu wollen, ist nicht empfehlenswert. Konnte die chinesische Seite Vorgehensweisen und Entscheidungsspielräume nicht vorher mit den Vorgesetzten abstimmen, wird dies dazu führen, dass Sie wahrscheinlich ohne ein Ergebnis wieder nach Hause fliegen.

Fassen Sie am Ende eines Meetings gemeinsam mit allen Teilnehmern die erzielten Ergebnisse schriftlich in einem kurzen **Memo** zusammen. Dadurch erhalten Sie die Möglichkeit, unterschiedliche Auffassungen oder Missverständnisse rechtzeitig zu erkennen und zu klären.

Kurze **Abschlussreden** und eine gegenseitige Wertschätzung erfolgen nach dem gleichen Muster wie die Eröffnungsreden.

Gut zu wissen: Die Einhaltung der Essenszeiten – mittags ab 12 Uhr und abends ab 18 Uhr ist – ist für Chinesen von großer Bedeutung. Sonst ›verhungern‹ Ihre Geschäftspartner auf der Stelle. Lange **Mittagspausen** während eines Meetings sind keine Zeitverschwendung, sondern für das persönliche Kennenlernen extrem wichtig. Daher sollten Sie Ihre chinesischen Geschäftspartner zu Besuch in Ihrem Unternehmen auch nicht etwa mit belegten Brötchen oder Schnittchen vertrösten, etwa weil die Besprechung länger dauert als erwartet.

Präsentationen

PowerPoint-Präsentationen sind auch in China sehr beliebt, daher ist die technische Ausrüstung meist vorhanden. Je nach Unternehmen ist es dennoch angebracht, vorsichtshalber die technischen Gegebenheiten im Vorfeld abzuklären.

Ihre **Handouts** sollten Sie zumindest in englischer Sprache vorbereiten. Einen besonders guten Eindruck können Sie mit einer zusätzlichen chinesischen Version machen.

Präsentationsstil

Die optische Darstellung chinesischer Präsentationen ist oft bunt und für westliche Zuhörer ungewohnt. Ein noch größerer Unterschied besteht jedoch im Präsentationsstil.

Im deutschsprachigen Raum wird **deduktiv** präsentiert (›Wir schlagen dies vor, weil …‹), in China dagegen **induktiv** (›Weil das so und so ist …, schlagen wir Folgendes vor: …‹). Während deutschsprachige Geschäftsleute nach dem Motto ›Das Wichtigste zuerst‹ gleich zu Anfang die Kernaussage erwarten, beginnen induktiv kommunizierende Chinesen erst mit dem ›Warum, weshalb, wieso‹ und gelangen deshalb zu einem viel späteren Zeitpunkt zu ihren wichtigen Aussagen und Schlussfolgerungen. Das wirkt für deutschsprachige Zuhörer langatmig und nicht zum Ziel führend. Sie schalten geistig schnell ab oder werden ungeduldig.

Anders als in deutschsprachigen Unternehmen leider oft üblich, sollte man chinesische Vortragende **keinesfalls unterbrechen**. Man lässt sie stets ausreden!

Unternehmenspräsentationen

In der deutschsprachigen Geschäftswelt werden Unternehmenspräsentationen sehr sachorientiert gehalten und umfassen viele Zahlen und Fakten. In China dagegen sind sie eher personenorientiert: Man gibt einen Überblick über die Geschichte, den Standort und die Entwicklung des Unternehmens. Dazu werden **Bilder** von Personen und Produkten gezeigt. Es werden nur die wichtigsten Zahlen und Fakten genannt. (Siehe dazu auch den Abschnitt *Produkte und Leistungen präsentieren* ab Seite 21.)

Fachpräsentationen

Deutschsprachige Fachpräsentationen enthalten übersichtlich alle Informationen und Fakten, die für ein Meeting und die anschließende Diskussion notwendig sind. Der Vortrag erfolgt eher erklärend.

In China dagegen werden viele **Detailinformationen** präsentiert. Bei (wissenschaftlichen) Fachpräsentationen werden Folien mit sehr vielen Elementen sehr schnell gezeigt. Die Informationen werden eher abgelesen als vorgetragen. Dies kann westliche Zuhörer leicht überfordern.

Störfaktoren während einer Präsentation

Halten Sie eine Präsentation vor chinesischen Zuhörern, sollten Sie mit einigen Störfaktoren rechnen. Lassen Sie sich beispielsweise nicht von **klingelnden Mobiltelefonen** irritieren, die scheinbar immer dabei sein müssen und oft Vorrang haben. Es kann auch passieren, dass einmal jemand **einnickt.** Ständiges und höfliches **Kopfnicken** bedeutet nicht unbedingt Zustimmung, sondern auch, dass man einfach nur zuhört. Chinesen **reden** während einer Präsentation häufig untereinander. Dies gilt beispielsweise einer internen Positionsabstimmung. Sie sollten darüber hinwegsehen.

Sie selbst sollten vermeiden, sich während Ihrer Präsentation die Nase zu putzen, auch wenn Sie erkältet sind. Es ist höflicher, die **Nase hochzuziehen.**

Auf einen Blick

- Vor Meetings und Präsentationen sollten Sie unbedingt abstimmen, dass auf beiden Seiten Teilnehmer vergleichbarer Hierarchiestufen anwesend sind.
- Auch die Ziele eines Meetings sollten für alle klar sein.
- Die Atmosphäre während eines Meetings ist in chinesischen Unternehmen häufig förmlicher als im deutschsprachigen Raum. Die Sitzordnung spielt eine wichtige Rolle.
- Das Springen zwischen Agendapunkten ist Teil der beziehungsorientierten ganzheitlichen Vorgehensweise in China. Dies sollten Sie nicht bemängeln.
- Der chinesische Präsentationsstil ist induktiv. Das Wichtigste kommt nicht zuerst!
- Es ist empfehlenswert, die Ergebnisse eines Meetings kurz in einem gemeinsamen Memo zu fixieren. Dabei erkennen Sie gegebenenfalls bestehende Unklarheiten und können darauf reagieren.

Achtung!

- Das Äußern von direkter Kritik führt zum Gesichtsverlust Ihres Geschäftspartners.
- Vermeiden Sie es, Vortragende zu unterbrechen.
- Verzichten Sie bei Ihrer Präsentation auf Eröffnungswitze oder Anekdoten.

5

Verhandlungen,
Entscheidungen und Verträge

Unser Geschäftsalltag besteht ständig aus Verhandlungen unterschiedlichster Art. Jedes Gespräch oder Meeting, in dem wir andere von unseren Positionen, Ideen oder Vorschlägen überzeugen wollen, sind inhaltlich Verhandlungen.

Die Art der Verhandlungsführung und wie anschließend Entscheidungen getroffen und diese gegebenenfalls in Verträge gefasst werden, ändert sich in China zunehmend. In modernen, kooperativ geführten Unternehmen verlaufen Verhandlungsgespräche zum Teil sehr ähnlich wie bei uns. Jedoch dominiert in traditionell chinesischen Unternehmen noch überwiegend ein autoritärer oder paternalistischer Führungsstil, der sich auch in Verhandlungen widerspiegelt. (Mehr zum Thema *Führung* lesen Sie in Kapitel 7 ab Seite 63.) Daher stehen im Folgenden besonders die für uns **ungewohnten Aspekte** der Verhandlungsführung in chinesischen Organisationen im Vordergrund.

Teilnehmer einer Verhandlung

Je nach Anlass und Unternehmen werden Sie am Verhandlungstisch eine unterschiedliche Anzahl von Teilnehmern antreffen. Als Faustregel gilt: Je wichtiger eine Verhandlung ist, desto mehr chinesische Vertreter werden anwesend sein:

Projektart	Verhandlungs- teilnehmer	Verhandlungs- führung
Kleines Geschäft	Eins zu eins	Schnelle Reaktion, Geschicklichkeit und Flexibilität sind gefragt.
Mittleres Projekt	Gruppe zu Gruppe: Mehrere Teilneh- mer mit klarer Arbeitsteilung	Anwendung der passenden Ver- handlungsart.
Großprojekt / Projekt mit Regie- rungsvertretern	Größere Gruppen / Delegationen: Fachlich aufge- stelltes Verhand- lungsteam mit Beraterstab	Detaillierte und ausführliche Vorbereitung ist notwendig.

Im deutschsprachigen Raum wird eine Verhandlung oft von hochrangigen Delegationsmitgliedern geführt. Die begleitenden Mitarbeiter kommen in der Regel bei einzelnen Diskussions- punkten zu Wort und treten als Spezialisten mit Detailwissen auf. In vielen größeren chinesischen Firmen lassen anwesende hochrangige Delegationsmitglieder ihre Mitarbeiter verhandeln. Sie selbst bleiben als ›graue Eminenz‹ im Hintergrund, verfolgen und beobachten das Geschehen aber sehr genau. Sie sind es auch, die am Ende entweder alleine oder wiederum mit ihren Vorge- setzten die abschließenden Entscheidungen treffen.

Bei **langwierigen Verhandlungsgesprächen** sind die wich- tigsten Entscheider zumindest am Anfang und kurz vor dem Ende anwesend. Auch wenn sie die Gespräche verlassen, sie verfolgen und steuern den Verhandlungsprozess aus dem Hin- tergrund. Es ist daher immer hilfreich, möglichst früh heraus- zufinden, **wer die finalen Entscheidungen trifft,** um auf diese Personen, z. B. beim Small Talk und beim gemeinsamen Essen, besonders eingehen zu können. Dennoch sollten Sie jedem Ver- handlungteilnehmer Respekt zollen, da häufig **mehr Personen die Entscheidung beeinflussen**, als Sie möglicherweise denken.

Verhandlungsstile

In vielen Fällen werden binationale Verhandlungen nicht erfolgreich zu Ende geführt, weil sich beide Seiten entweder der unterschiedlichen kulturell geprägten Vorgehensweisen nicht bewusst sind oder aber nicht über die Kenntnisse verfügen, um auf die jeweiligen Eigenarten in der Verhandlungsführung einzugehen. GKCHI9 (Beitrag des Autors: Wie eine unsichtbare Mauer! – Geschäfte und Verhandlungen im Asiengeschäft) Es gibt allerdings **keinen einheitlichen chinesischen Verhandlungsstil**, den Sie sich einfach aneignen könnten. Vielmehr ist der jeweilige Stil – neben traditionellen Verhandlungselementen – von **weiteren Faktoren** abhängig, z. B. von:

- der Wichtigkeit der Verhandlungsthemen und -teilnehmer
- den teilnehmenden Unternehmen: Staatsbetriebe, Privatunternehmen, Unternehmen mit ausländischer Beteiligung, ausländische Unternehmen
- der Unternehmensgröße
- regionalen Unterschieden: z.B. Ostküste oder Landesinnere
- der Unternehmenskultur und dem herrschenden Führungsstil: autoritär, paternalistisch oder kooperativ (Siehe dazu auch Kapitel 7 ab Seite 63.)
- dem Alter der Teilnehmer – Seniorität

Tendenziell können Sie davon ausgehen, dass eine eher **konservative und förmliche Vorgehensweise** in Unternehmen angebracht ist, die in staatlicher Hand sind oder die keine langjährige Erfahrung im Auslandsgeschäft aufweisen. Hier werden auch eher größere Verhandlungsteams involviert sein, die nur gut überlegte Antworten und Lösungen vortragen. In Abhängigkeit von Hierarchie, bürokratischer Struktur und Funktionen der Teilnehmer gibt es eine präzise Rollenverteilung. Das Vorgehen und die Entscheidungsfindung sind langwierig und verlangen viel Geduld. **Persönliche Beziehungen,** beispielsweise zum lokalen Bürgermeister, zu Behörden und Wirtschaftsorganisationen, sollten unbedingt genutzt werden, um die Zusammenarbeit und den Verhandlungsprozess zu beschleunigen.

Bei kleineren und mittelgroßen Privatunternehmen, die in Wachstumsregionen an der Ostküste ansässig sind und Auslandskontakte pflegen, ist die Vorgehensweise moderner, **westlicher** und weniger formell. Der Zeitfaktor und Flexibilität spielen bei diesen Unternehmen eine immer größere Rolle. Traditionelle Verhandlungsstile treten zugunsten einer neutralen sachlichen Haltung in den Hintergrund. Man spricht die Dinge direkter an, allerdings in wohlverpackten Worten. Sie sollten stets darauf bedacht sein, dass niemand sein Gesicht verliert (Siehe dazu Seite 15.), indem er in eine unangenehme Situation gebracht wird, beispielsweise durch eine zu direkte Äußerung von Kritik vor anderen Verhandlungsteilnehmern (Mehr zum Thema *Kritik* ab Seite 30.)

Grundsätzlich ist eine **gute Vorbereitung** bei Verhandlungen mit Chinesen das A und O. Dazu gehört auch, sich detailliert über das jeweilige Unternehmen und die einzelnen Personen inklusive ihrer persönlichen Eigenschaften und Vorlieben zu informieren. Sollten einmal im Vorfeld von Verhandlungen **Probleme oder Unstimmigkeiten** auftreten, werden Chinesen versuchen, diese **unter vier Augen** oder in einem kleinen Kreis, über die einzelnen persönlichen Beziehungen oder über einen Mittelsmann, zu besprechen und Lösungsvorschläge auszutauschen. Ein Mittelsmann, der beide Seiten gut kennt und von ihnen respektiert wird, kann gegenseitige Interessen vertreten. Er weiß zudem genau, wer über welche Entscheidungsbefugnisse verfügt. Erst dann wird man damit in die ›Öffentlichkeit‹ einer Verhandlung treten und die Angelegenheiten offen ansprechen.

Hin und wieder kommt trotz aller Sachlichkeit auch einmal das **schauspielerische Talent** der Beteiligten zum Tragen, etwa bei der Dramatisierung von Situationen oder Auswirkungen. Ihre chinesischen Verhandlungspartner werden dann sehr kreativ und überzeugend versuchen, Sie in eine Lage zu bringen, in der Sie **aus der Fassung geraten** und gegebenenfalls Zugeständnisse machen, die Sie sonst nicht machen würden. Dabei wird **Zeitdruck künstlich aufgebaut**, besonders zum Ende der Gespräche bzw. vor der Abreise. Auch vorgespielte Aggressionen werden als Mittel zum Zweck eingesetzt. Bleiben Sie möglichst gelassen und planen Sie großzügige Zeitreserven ein. Wer versucht, durch den Blick auf die Uhr auf eine zügigere Abarbeitung von Verhandlungspunkten hinzuwirken, hat meist schon verloren!

Preisverhandlungen

Bei Preisverhandlungen sollten Sie sich auf eine traditionelle **Feilschkultur** einstellen. Spielen Sie daher niemals mit offenen Karten und steigen Sie auch nicht mit einer ›realistischen‹ Preisvorstellung in die Verhandlungen ein! Besonders wichtig ist jedoch, zu jedem Zeitpunkt eine **positive Grundstimmung** aufrechtzuerhalten, auch wenn die Wunschpreise noch in weiter Ferne liegen. Der Feind ist nicht Ihr Gegenüber, sondern der zu hohe Preis, der gemeinsam bekämpft werden muss! Sie werden viel Geduld und Ausdauer benötigen. Unter Zeitdruck zu verhandeln, bedeutet, bei Weitem nicht die Preise zu erzielen, die in China möglich sind.

Manager, die bisher nur in der westlichen Geschäftswelt Preisverhandlungen geführt haben, sind geringe **Verhandlungsspannen** gewohnt. Wer zuvor um Preisunterschiede zwischen drei und fünf Prozent verhandelt hat, wird sich je nach Branche in China plötzlich mit einem ersten Verhandlungsspielraum von bis zu 30 Prozent – oder in Ausnahmefällen sogar noch mehr – konfrontiert sehen.

Unser Tipp: Planen Sie von Beginn an deutlich höhere Verhandlungsspielräume ein. Und geben Sie nicht zu schnell und zu viel nach, auch wenn dies im Bereich des Möglichen liegt. Sie sollten in der Lage sein, zu Forderungen der chinesischen Seite auch einmal höflich, aber selbstbewusst und standhaft ›Nein‹ zu sagen.

Einen taktischen Vorteil können Sie erzielen, wenn Sie auf Preisangebote nicht sofort reagieren, sondern länger **Schweigen** – auch minutenlang. Dadurch signalisieren Sie, dass der Preis- und Konditionsspielraum sehr eng wird, was Ihre Verhandlungspartner möglicherweise ausreichend verunsichert.

Akzeptieren Sie in Verhandlungen keinen Deadlock, sondern zeigen Sie immer Kompromissbereitschaft. Machen Sie **kreative Gegenvorschläge**. Finden Sie heraus, ob es auf der anderen Seite außer dem Preis weitere Interessen gibt. Sie könnten beispielsweise statt einer weiteren Preisreduzierung andere Gegenleistungen (z. B. Zahlungszielverlängerung, Gratis-Ersatzteile, kostenlose Schulungen etc.) oder auch Leistungen qualitativer Art anbieten.

Versuchen Sie, im Vorfeld einer Preisverhandlung herauszufinden, ob Ihr chinesischer Geschäftspartner Ihre **Konkurrenten** kennt bzw. auch mit ihnen in Verhandlung steht. In diesem Fall müssen Sie Ihren potenziellen Kunden von der Stärke Ihrer Produkte im Vergleich zur Konkurrenz überzeugen. Es hat aber immer einen faden Beigeschmack, schlecht über seine Wettbewerber zu sprechen. Die Bewertung überlässt man in China dem Kunden selbst.

Planen Sie bei Verhandlungen stets auch **nachträgliche Preisreserven** ein. Es ist möglich, dass Sie nach einer Preisvereinbarung noch einmal zu weiteren Zugeständnissen aufgefordert werden. Das ist der Versuch, kurz vor Vertragsabschluss noch einmal nachzuverhandeln, um in letzter Minute doch noch einen weiteren Nachlass zu erhalten. Lehnen Sie diesen in Anbetracht der wichtigen guten persönlichen Beziehungen nicht strikt ab.

Entscheidungsfindung

Die chinesische Geschäftswelt ist stark vom konfuzianischen Hierarchieprinzip geprägt, nach dem der Chef die Entscheidungen fällt. Das **Delegieren von Entscheidungsbefugnissen**, z. B. durch Stellenbeschreibungen oder Vollmachten, verbreitet sich erst im modernen China, und dann primär in ausländischen und in Privatunternehmen. Dort werden Eigenverantwortung und Flexibilität mehr und mehr praktiziert – im Gegensatz zu den bürokratischeren Staatsunternehmen.

Verhandlungen ziehen sich in China manchmal sehr lange hin und man fragt sich, warum Entscheidungen nicht schneller getroffen werden können? Im Gegensatz dazu kann es genauso geschehen, dass eine Entscheidung plötzlich, unverhofft und spontan gefällt wird. Oft spielt dann das ›**Bauchgefühl**‹ des Entscheiders eine wesentliche Rolle. In den meisten Fällen werden jedoch die anstehenden Entscheidungen von Mitarbeitergruppen hinter verschlossenen Türen vorbereitet. Sie arbeiten nach ausgiebigen Diskussionen **Vorschläge** aus. Auf dieser Basis trifft die oberste Hierarchieebene ihre Entscheidung und kommuniziert diese nach außen.

Die Vertreter am Verhandlungstisch sind meist nur mit **begrenzten Entscheidungsvollmachten** ausgestattet. In diesem Rahmen können sie durchaus schnelle Entscheidungen treffen. Sollten die besprochenen Themen darüber hinaus eine Abstimmung mit den nicht anwesenden Vorgesetzten erfordern, wird man versuchen, diese kurzfristig zu kontaktieren. Andernfalls werden die **Entscheidungen vertagt.** Die nachfolgende Abstimmung entlang der chinesischen Hierarchieebenen kann manchmal viel Geduld verlangen.

Entscheidungen beeinflussen

Darauf hinzuwirken, dass Chinesen schneller zu einer Entscheidung gelangen, ist nur begrenzt möglich. Zeigen Sie in jedem Fall Geduld und Verständnis für den chinesischen Entscheidungsfindungsprozess. Versuchen Sie aber, höflich und standhaft Ihre chinesischen Verhandlungspartner dazu zu bewegen, ein **konkretes Datum** für eine verbindliche Antwort zu nennen.

Um beispielsweise bei Einkaufs- oder Kooperationsverhandlungen auf eine schnellere Entscheidung hinzuarbeiten, können Sie andeuten, dass Sie noch mit anderen Unternehmen Gespräche führen. Aber bringen Sie unbedingt zum Ausdruck, dass Sie eine Zusammenarbeit mit Ihren chinesischen Gesprächspartnern vorziehen würden. Denn wenn Sie diese **Taktik** nicht richtig platzieren, kann sie auch negative Konsequenzen für Ihre Verhandlungsposition haben.

Des Weiteren kann es einen Versuch wert sein, **über Dritte** (den eigenen Dolmetscher, einen Mittelsmann oder eine andere Person, die beide Verhandlungspartner kennt und von ihnen respektiert wird) an zusätzliche, für die Verhandlung hilfreiche Informationen zu gelangen.

Zu guter Letzt: Nutzen Sie unbedingt ausgedehnte **gemeinsame Abendessen** in lockerer Atmosphäre, um den Weg für positive Entscheidungen zu ebenen. (Zum Thema *Geschäftsessen* siehe auch Seite 81.) Versäumen Sie aber nicht, bei dieser Gelegenheit die wahre Stimmung Ihrer chinesischen Verhandlungspartner genau zu ergründen.

Mündliche oder schriftliche Vereinbarungen

Mündliche Vereinbarungen erfolgen nur unter langjährigen Geschäftspartnern, die die ›unsichtbaren‹ **Branchenregeln** *(hang ye qian gui ze)* kennen. So gibt es in vielen Branchen ungeschriebene Gesetze, nach denen gehandelt wird. Ausländischen Unternehmen sind diese Regeln in den seltensten Fällen bekannt. Daher sollten Sie Vereinbarungen mit chinesischen Partnern stets **schriftlich festhalten**, auch wenn dies allein nicht garantiert, dass sie eingehalten werden.

Chinesen führen in jedem Meeting und bei jeder Verhandlung **Protokoll**. Auch für Ausländer ist es sehr empfehlenswert, ein gemeinsames Protokoll anfertigen zu lassen, zum einen, um verbleibende Unklarheiten offenzulegen, und zum anderen, um eine größere Verbindlichkeit zu schaffen.

Verträge

Chinesische Verträge und Vereinbarungen fallen in der Regel nicht so detailliert aus wie im deutschsprachigen Raum. Vom Grundverständnis her beinhaltet ein Vertrag meist nur die **Rahmenbedingungen,** da Chinesen davon ausgehen, in einem sich ständig und schnell ändernden Geschäftsumfeld jederzeit nachverhandeln zu können und zu müssen. So wird der chinesischen Flexibilität Rechnung getragen, die es erlaubt, auf sich ändernde Marktbedingungen zu reagieren.

Verträge haben in China also eine **andere Verbindlichkeit** als in den deutschsprachigen Ländern. Vor diesem Hintergrund sollten Sie sich gut überlegen, ob die Aufführung von weniger wichtigen Klauseln nicht auch kontraproduktiv sein könnte? Denn Sie müssen dann deren Einhaltung anmahnen und durchsetzen, um nicht die Glaubwürdigkeit des gesamten Vertrags in Frage zu stellen. Vor allem sollten Sie damit rechnen, dass es bei Vorlage langer und detaillierter Vertragsentwürfe über eine geschäftliche Zusammenarbeit zu weiteren Verhandlungen und gegebenenfalls auch zu Neu- oder **Nachverhandlungen** kommen kann. Es kann daher auch für Sie deutlich vorteilhafter sein, in einem Vertrag nur die wichtigsten Punkte festzuhalten, und weitere Details bei Bedarf in zusätzlichen *side agreements* zu formulieren.

Bei auslaufenden Verträgen oder Vereinbarungen sollten Sie grundsätzlich davon ausgehen, dass die Bedingungen für eine Fortsetzung neu ausgehandelt werden müssen. Eine einfache **Vertragsverlängerung** ist in China nicht üblich.

Wichtige Vereinbarungen und Verträge werden meist in englischer und zusätzlich in chinesischer Sprache verfasst. Aber Vorsicht: Im Konfliktfall wird oft nur die chinesische Version herangezogen, was je nach **Qualität der Übersetzung** zu erheblichen Verständnisabweichungen führen kann. Ein deutscher Geschäftsmann hat einmal die Aussage formuliert: ›Die chinesische Sprache ist die Mutter aller Missverständnisse.‹

Auf einen Blick

- Die Vorbereitung auf Verhandlungen mit Chinesen geht weit über das hinaus, was Sie im deutschsprachigen Geschäftsumfeld tun würden. Sie ist das A und O für den Verhandlungserfolg. Die Sammlung von detaillierten Informationen über das jeweilige Unternehmen und die relevanten Personen inklusive ihrer persönlichen Eigenschaften und Vorlieben gehört dazu.
- In traditionell geführten chinesischen Unternehmen werden Sie am Verhandlungstisch teils sehr bestimmende Verhandlungsführer antreffen, denen Mitarbeiter ohne Widerspruch folgen.
- Reden oder verhandeln Sie nicht mit irgendwelchen Mitarbeitern Ihrer Geschäftspartner, sondern nur mit Vertretern auf vergleichbarer hierarchischer Ebene.
- Lassen Sie sich in Verhandlungen niemals unter Zeitdruck setzen. Mit Geduld und Ruhe werden Sie sehr viel weiter kommen. Bringen Sie immer deutlich mehr Zeit mit, als Sie in westlichen Ländern einplanen würden.
- Mündliche oder schriftliche Vereinbarungen sind selten absolut, sondern je nach Situation nachverhandelbar. Stellen Sie sich flexibel darauf ein.

Achtung!

- Chinesen können Ihnen mit respektvoll ernsten Gesichtern gegenübersitzen und ausgeprägt höflich sein, um Sie dann mit expressiv-dramatischen Momenten zu konfrontieren und zu versuchen, Sie unter Druck zu setzen. In diesem Fall verfolgen sie möglicherweise die Strategie, Sie aus dem Konzept zu bringen und zu Zugeständnissen zu zwingen, die Sie in sachlich-neutraler Atmosphäre nicht machen würden.

6

Koordination und
Zusammenarbeit

Um in der binationalen Projektarbeit den chinesischen Arbeitsstil besser nachvollziehen zu können, ist es hilfreich, zwei wichtige historische Entwicklungen zu berücksichtigen. Der über 2.000 Jahre alte und bis heute einflussnehmende Konfuzianismus prägt maßgeblich das Zusammenleben und -arbeiten in China. Dabei spielt die gesellschaftliche hierarchische Ordnung eine besondere Rolle. Vorgesetzte oder Ältere sind stets Untergebenen oder Jüngeren klar übergeordnet und genießen einen besonderen Respekt. In dem Maße, wie sie auf der einen Seite eine **Fürsorgepflicht** ihren Mitarbeitern gegenüber haben, honorieren die Mitarbeiter diese auf der anderen Seite durch **Loyalität.** ›Der Chef hat immer Recht‹ und traditionell werden seine Entscheidungen oder Anweisungen nicht hinterfragt, auch wenn diese aus Sicht der Mitarbeiter wenig Sinn machen oder nicht nachvollziehbar sein mögen.

Auf der horizontalen Ebene wird der chinesische Arbeitsstil vor allem von einer **Gruppenorientierung** dominiert. Chinesen arbeiten nach Anweisungen ihrer Vorgesetzten. Eigeninitiative ist meistens nicht gefragt. Sie birgt für den Einzelnen stets das Risiko, auch Fehler zu begehen, für die er dann zur Rechenschaft gezogen werden könnte. Dies käme einem Gesichtsverlust gleich, den es auf jeden Fall zu vermeiden gilt. (Siehe dazu auch ab Seite 15.)

Neben dem Konfuzianismus hat der Kommunismus seit der Gründung der Volksrepublik China 1949 bis zum Tod Maos

1976 die Arbeitswelt geprägt und die Bürger in der Planwirtschaft zu ausführenden Organen gemacht. Pläne mussten nach den detaillierten Vorgaben der Kommunistischen Partei umgesetzt werden. Es ging für Mitarbeiter der Staatsunternehmen nicht darum, diese über das geforderte Maß hinaus zu erfüllen oder mit neuen Ideen oder Kreativität zu verbessern oder gar eine größere Effizienz zu erzielen. Es ging darum, **Weisungen auszuführen und Vorgaben zu erfüllen – ohne Wenn und Aber.**

Erst mit der fortschreitenden Reform- und Öffnungspolitik entwickelten sich langsam neue Ansätze. Im modernen China, beispielsweise in den Ballungszentren an der Ostküste oder in den Sonderverwaltungszonen im Süden **verändern sich die Arbeitsstile** in einigen Branchen recht schnell. Man orientiert sich stärker an westlichen Unternehmen. Es herrscht zunehmend ein kooperativer Stil, indem Mitarbeitern eigene Verantwortungsbereiche übertragen werden. (Mehr zum Thema *Mitarbeiterführung* lesen Sie im nachfolgenden Kapitel ab Seite 63.)

Chinesischer Arbeitsstil

Arbeitsabläufe und Entscheidungsprozesse in chinesischen Unternehmen wirken auf westliche Manager häufig **sehr umständlich** oder nicht nachvollziehbar. Zudem scheinen sie viel Zeit zu kosten. Ein Effizienzdenken ist bei chinesischen Mitarbeitern aufgrund der noch niedrigen Arbeitslöhne kaum vorhanden. Werden Überstunden gut bezahlt, sind einige Chinesen manchmal mehr an einer Aufbesserung ihres Gehalts interessiert als an einer schnellen Erledigung der Aufgabe.

Auffällig ist zudem, dass Chinesen bei Aufgabenstellungen und Vorhaben oft erst einmal anfangen, ohne sich vorher Gedanken über Ziele, Prioritäten oder eine strukturierte Arbeitsweise zu machen. Denn in China treffen wir auf eine **polychrone Arbeitskultur,** d. h. es werden viele Dinge gleichzeitig erledigt. Dennoch kommen Chinesen manchmal schneller ans Ziel als wir Westler, die das Planen so lieben und gemäß unserer monochronen Arbeitskultur alles Schritt für Schritt erarbeiten.

Bei umfangreicheren Aufgabenstellungen gehen Menschen aus dem deutschsprachigen Raum meist sehr strukturiert an die

Sache heran. Chinesen haben gerade bei Aufgaben, die sich über einen längeren Planungszeitraum hinziehen, Schwierigkeiten, den Überblick zu behalten und alles systematisch und rechtzeitig abzuarbeiten, ohne von aktuell wichtigen Aufgaben abgelenkt zu werden. Denn im Tagesgeschäft wird viel **auf Zuruf** gearbeitet. Wenn Aufgaben noch dazu unvollständig oder unklar formuliert werden, neigen Chinesen dazu, diese zu verdrängen. Statt die Vorgesetzten jedes Mal um Klärung zu bitten, gehen sie oft nach dem Motto ›*trial and error*‹ vor. Bei gemeinsamen Projekten, die über mehrere Wochen hinausgehen, sollten Sie deshalb einzelne Planungsschritte vereinbaren und zeitig nachverfolgen, wenn Sie möchten, dass der Zeitplan eingehalten wird.

Wer in China bei der Aufgabenerfüllung eine **Detailtreue** und **Qualitätsvorstellungen** wie im deutschsprachigen Raum erwartet, wird enttäuscht werden. Die chinesische Sorgfalt ist noch nicht mit der unsrigen vergleichbar. Immer wieder begegnen deutschsprachige Manager dieser Tatsache mit großem Unverständnis. Bedenken Sie, dass Chinesen bis vor wenigen Jahren, und viele bis heute, zunächst damit zu tun hatten, überhaupt erst einmal ihre Grundbedürfnisse zu befriedigen. Es ging ihnen nicht um Qualität oder Perfektion. Doch dies wird sich in den kommenden Jahren schneller als wir annehmen ändern.

In der folgenden Übersicht sind einige **typische Unterschiede in den Arbeitsstilen** dargestellt:

Deutschsprachiger Raum	China
Planung; Einhalten von Regeln; starke Sicherheitsorientierung	Anpassung; Flexibilität und hohe Risikobereitschaft
Langfristige Prozesse; an Planungsschritten festhalten	Kurzfristige Erledigung nach Dringlichkeit; Anpassung an veränderte Situation
Präzision und Details sind wichtig.	Ungenauigkeit – Im Großen und Ganzen muss es stimmen.
Entscheidungsfreudig	Entscheidungsunfreudig

Deutschsprachiger Raum	China
Geringe Hierarchieunterschiede zwischen Vorgesetzten und Mitarbeitern	Starke Hierarchieunterschiede zwischen Vorgesetzten und Mitarbeitern
Eigeninitiative und Eigenverantwortung	Detaillierte Anweisung von Vorgesetzten notwendig
Sachorientiertes Arbeiten und Führen – Fachwissen ist sehr wichtig.	Beziehungsorientiertes Arbeiten und Führen – Beziehung ist sehr wichtig.
Offene Ansprache von Problemen / Konflikten	Vermeidung offener Ansprache von Problemen / Konflikten
Produktbezogene Zusammenarbeit; Produktloyalität	Auf das Beziehungsnetzwerk bezogene Zusammenarbeit; Personenloyalität
Erreichbare Zielsetzungen	Ambitiöse Zielsetzungen
Trennung von Privatem und Geschäftlichem	Vermischung von Privatem und Geschäftlichem

Fristen und Termine

In Zeiten eines stetig zunehmenden Effizienzdenkens gilt bei uns die Devise ›Zeit ist Geld‹. Alles muss schnell gehen oder erfolgt unter Zeitdruck. Chinesen haben ein anderes **Zeitverständnis**. In vielen großen chinesischen Unternehmen benötigen die Abläufe im Geschäftsalltag noch deutlich mehr Zeit, wie z. B. die Abstimmung von Meinungen und Vorgehensweisen sowie der persönliche Beziehungsaufbau innerhalb von Gruppen und Teams.

Nach dem Motto ›**Der Umweg ist der kürzere Weg**‹ ist es erforderlich, sich bei Kooperationen mit chinesischen Partnern zunächst deutlich mehr Zeit zu nehmen, als wir es üblicherweise tun – und damit am Ende dennoch schneller zum Ziel zu kommen. Für Westler wird der Ausspruch noch deutlicher, wenn wir ihn umdrehen: ›Der direkte Weg ist der längere Weg.‹ Wer in China ungeduldig ist und ›**westliche Abkürzungen**‹ sucht, landet schnell in einer kostspieligen oder zeitraubenden Sackgasse.

Allerdings gibt es auch Ausnahmen. Viele privatwirtschaftliche Unternehmen überraschen ihre ausländischen Partner immer öfter damit, wie schnell sie reagieren können.

In der monochronen Arbeitskultur der deutschsprachigen Länder werden Fristen und Termine als verbindlich angesehen. In der chinesischen polychronen Arbeitskultur geht man mit Fristen und Terminen sehr flexibel um, denn im dynamischen China ändert sich alles sehr schnell und man will nichts verpassen.

Möchten Sie hinsichtlich der **Einhaltung von Liefertermi- nen oder Projektschritten** eine höhere Zuverlässigkeit Ihrer chinesischen Partner erreichen, ist es hilfreich, diese rechtzeitig, gegebenenfalls auch mehrmals, an Termine zu erinnern – bevor Fristen abgelaufen sind. Sollten Fristen dennoch nicht eingehalten werden, ist es immer ratsam, vor einer schriftlichen Ermahnung erst einmal zum Telefonhörer zu greifen und persönlich nachzufragen. Schicken Sie erst dann eine schriftliche Erinnerung per E-Mail.

Informationsfluss

Während wir im deutschsprachigen Teil Europas dazu tendieren, Kollegen oder Geschäftspartner im Rahmen einer ›Bringschuld‹ mit wichtigen Informationen zu versorgen, geht man in China von einer ›**Holschuld**‹ aus. Man erhält Informationen erst nach Aufforderung. Im Tagesgeschäft mit chinesischen Projektpartnern müssen Sie also viele Entwicklungen erahnen und sollten nachfragen. Gehen Sie nicht davon aus, dass Sie in für Sie wichtigen Angelegenheiten automatisch und vollständig informiert werden.

Generell kommunizieren Chinesen der gleichen hierarchischen Ebene in der Projektarbeit nur sehr wenig miteinander. Bei Fragen gehen sie meist **direkt zum Chef**. Dieser wiederum bezieht seine Informationen vom jeweils verantwortlichen Mitarbeiter. Ist der Chef nicht verfügbar, gerät der Informationsfluss ins Stocken und es gibt in der Projektarbeit keinen Fortschritt. Hilfreich sind hier regelmäßige **Statusmeetings**, in denen alle gleichzeitig informiert werden.

Wie bereits erwähnt, erwarten Chinesen, dass E-Mails am gleichen Tag oder zumindest **innerhalb von 24 Stunden** beantwortet werden. (Siehe dazu Kapitel 3 auf Seite 33.) Ist eine Antwort nicht möglich, sollten Sie zumindest ein Feedback senden und einen Termin für eine abschließende Antwort nennen. Im Gegensatz dazu werden Sie es in der gemeinsamen Projektarbeit immer wieder erleben, dass sich Chinesen selbst sehr viel Zeit für die Beantwortung einer Nachricht lassen – beispielsweise wenn sie für eine Antwort auf Informationen oder Entscheidungen von Kollegen oder Vorgesetzten warten müssen.

Umgang mit Problemen oder Konflikten

Chinesen gehen davon aus, dass sich ein geschäftliches Umfeld immer wieder verändert, dass es Höhen und Tiefen gibt, und dass man stets flexibel darauf reagieren muss. Daher hat der Aufbau von persönlichen Beziehungen zwischen Geschäfts- und Projektpartnern in China einen besonders hohen Stellenwert. Nur gute persönliche Beziehungen sind ein Garant dafür, dass beide Seiten auch in veränderten oder schwierigen Situationen ein Interesse daran haben, alles zu versuchen, um Probleme und Konflikte aus der Welt zu schaffen. Einzig die **hohe Gesprächs- und Kompromissbereitschaft** zwischen den Partnern kann aus Sicht der Chinesen langfristig zu guten Geschäftsbeziehungen führen.

Im Gegensatz dazu steht unsere Position, einmal eine Vereinbarung zu treffen und später entstehende Probleme bzw. Konflikte auf der Sachebene zu bewältigen. Dabei geht es uns häufig darum, im Recht zu sein, wobei persönliche Beziehungen nur eine untergeordnete Rolle spielen. Starre Vorgehensweisen oder Pattsituationen werden in China jedoch schnell zu einer erheblichen Verschlechterung des Geschäfts oder gar zum Abbruch der Geschäftsbeziehungen führen. Daher ist eine gute persönliche Beziehung hilfreicher als Recht zu haben.

Versuchen Sie beim Auftreten von Problemen oder Konflikten in der Projektarbeit alles, um die **Geschäftsbeziehungen nicht aufs Spiel zu setzen.** Mögliche Kritikpunkte sollten Sie nur indirekt äußern und dabei Wertschätzung für bisher Erreichtes zeigen. Betreiben Sie statt ›blame storming‹ besser ›brain storming‹.

Urteilen Sie nicht zu schnell aus Ihrer gewohnten Perspektive. Hören Sie gut zu und versuchen Sie, die Hintergründe und die verschiedenen Sichtweisen auf das Problem oder den Konflikt herauszufinden. Es bietet sich an, die schriftliche sowie **sachliche Kommunikation herunterzufahren** und stattdessen die persönliche Beziehungsebene für die Lösung der Probleme zu nutzen. Einigen Sie sich mit Ihren chinesischen Geschäftspartnern gütlich. Seien Sie kreativ und suchen Sie nach Lösungen, die beiden Seiten dienlich sind. Oftmals sind diese Lösungen für Sie noch nicht einmal mit höheren Kosten verbunden, sondern berücksichtigen nur die unterschiedlichen Interessen. Eine **hohe Flexibilität** ist bei der Problemlösung in China mehr als in Europa erfolgsentscheidend. Auf sein Recht zu pochen führt meist nur zur Verhärtung der Positionen und damit zum Stillstand. Verteidigen Sie Ihren Standpunkt nicht um jeden Preis. Sie werden sich seltener in Konflikte verwickeln, wenn Sie zugeben können, dass auch Sie Fehler machen.

»»Die Regeln sind immer noch Ohren für die Gehörlosen‹ (chinesische Einstellung). Die Frage ist, wie man die Regeln interpretiert. Die Nicht-Einhaltung eines Vertrages wollen wir grundsätzlich vermeiden. Wenn es dennoch zur Nichteinhaltung kommt, suchen wir eine friedliche Lösung. Eine juristische Auseinandersetzung wäre nur der letzte Weg, der sich aus meiner Sicht aber nicht lohnt. Auch wenn man einen Prozess gewinnt, wird das Urteil nicht immer vollstreckt. Wenn man bereit ist, Kompromisse einzugehen, hat man bessere Chancen, die Probleme zu lösen.«
Herr Li Zhijie, Vertriebsleiter bei einem Verlag in Suzhou

Führen diese Schritte auf der Beziehungsebene nicht zum Ziel, ist das **Einschalten eines Mittelsmannes** zu empfehlen. Konflikte auf rechtlichem Weg zu lösen, sollte die letzte Wahl sein. Denn **juristische Schritte** sind in der Regel mit einem Geschäftsabbruch gleichzusetzen. Durch den längeren Stillstand Ihrer Geschäftsaktivitäten verlieren Sie zwischenzeitlich weitere Geschäftspotenziale. Bedenken Sie zudem die **negativen Ausstrahlungseffekte** auf andere Marktteilnehmer und potenzielle Geschäftspartner. In China sprechen sich negative Erfahrungen mit westlichen Unternehmen schnell herum.

Selbst wenn Sie eine juristische Auseinandersetzung gewinnen sollten – und dies kann einige Jahre dauern – können Sie noch nicht sicher sein, ob Sie in einer Regresssituation schließlich den erwarteten Schadensersatz tatsächlich erhalten.

Auf einen Blick

- Chinesen arbeiten sehr flexibel und passen sich veränderten Situationen schnell an.
- Langfristig geplante Vorhaben stehen schnell hinter kurzfristig dringenden Angelegenheiten zurück. Es wird viel auf Zuruf gearbeitet.
- Eine strukturierte Arbeitsweise, die auf Planung und Prozessen basiert, ist – zumindest ohne entsprechendes langfristiges Training – nicht durchsetzbar.
- Bei Projekten, die über mehrere Wochen hinausgehen, sollten Sie einzelne Planungsschritte vereinbaren und zeitig nachverfolgen, wenn Sie sichergehen wollen, dass Termine auch eingehalten werden.
- Die chinesische Sorgfalt ist noch nicht vergleichbar mit der hohen deutschen Sorgfalt.
- Missverständnisse oder Konflikte sollten stets über die persönlichen Beziehungen zwischen den Geschäftspartnern gelöst werden. Betreiben Sie statt ›blame storming‹ besser ›brain storming‹.

Achtung!

- Wer westliche Standards (›Das machen wir überall so!‹) streng durch Prozesse, detaillierte Planungen und effiziente Arbeitsweisen erreichen möchte, wird im Chinageschäft viele negative Erfahrungen machen.
- Regeln, Gesetze und Verträge haben in China nicht die gleiche Verbindlichkeit wie im deutschsprachigen Raum.

Einfangen der Gegenperspektive – So sehen die Chinesen uns

Nicht nur wir haben unsere Ansichten über Chinesen im Geschäftsleben. Auch viele Chinesen haben in den letzten Jahren zahlreiche geschäftliche Erfahrungen mit deutschsprachigen Europäern gemacht. Die folgenden Zitate spiegeln die chinesische Sichtweise auf die Zusammenarbeit mit westlichen Partnern, insbesondere aus Deutschland, wider:

»Deutsche arbeiten langsam, aber detailtreu und gewissenhaft. Produkte mit ›Made in Germany‹ genießen seit jeher in China einen guten Ruf. Sie sind zwar teuer, dafür aber langlebig und praktisch. Und sie haben die beste Qualität, auch wenn die Optik weniger schön ist.

Wir Chinesen arbeiten viel schneller, dafür aber etwas ungenauer als die Deutschen. Unsere Produkte sind meist preiswert und kurzlebig, auch wenn die Optik sehr schön ist. Wir legen viel Wert auf das Äußere, Deutsche auf die Qualität.

Wir bauen ein komplettes Haus innerhalb eines Monats fertig. Von außen gesehen ist es gigantisch, im Hausinneren allerdings oft nur Murks. Nach nicht einmal einem Jahr fangen die Reparaturarbeiten an, die dann nicht mehr aufhören.

Deutsche benötigen für den Bau eines Hauses ein Jahr. Aber erst nach zwanzig Jahren ist eine gründliche Renovierung nötig. Von außen gesehen wirken die Häuser schlicht und einfach. Im Haus selbst ist es ordentlich und sauber. So sieht man, dass wir Chinesen im Allgemeinen gegenwartsorientiert und die Deutschen dagegen zukunftsorientiert sind.«

Herr Zhang Tian* (53), Inhaber eines Maschinenbauunternehmens in Beijing

»Termine im Voraus zu planen, ist scheinbar eine deutsche Tugend. Wir Chinesen halten nicht viel davon. Man muss flexibel sein, um die Zeit bestens zu nutzen. Eigentlich muss man sich doch immer erst Zeit für die wichtigen Dinge nehmen. Kommt ein neuer wichtiger Termin zu spät herein, dann muss man eben den anderen zugesagten Termin verschieben. Wichtigkeit ist hier von großer Bedeutung.«

Herr Wang Lin* (48), Geschäftsführer eines mittelständischen Produktionsunternehmens in Shenyang

»Deutsche denken, sie wüssten in vielen Sachen alles besser. Sie glauben, sie können China retten. Sollen sie China doch mal selbst regieren! Die Art und Weise, wie sie mit Regeln umgehen, stört uns. Mag sein, dass es in Deutschland so funktioniert, aber die Probleme sind in China. In so einem Land kommt man nicht immer mit Regeln weiter. Regeln werden in China wenig beachtet. Es ist nicht einfach, Deutschen klarzumachen, dass ihre Ideen in China nicht funktionieren. Wir sagen immer, probieren Sie mal, ob es klappt.«

Frau Lin Hong* (40), Personalabteilung eines deutschen Unternehmens in Shanghai

»Die deutsche Direktheit in der allgemeinen Kommunikation und in Arbeitsanweisungen gefällt uns, jedoch nicht in Problemfällen. Dann benötigt man Fingerspitzengefühl und nicht nur Sachlichkeit.«

Herr Chen Hui* (41), Abteilungsleiter eines großen Chemieunternehmens in Shanghai

»Wenn man mit Deutschen Verhandlungen führt, stellen sie oft Detailfragen und wollen alle Punkte protokollieren. Wir sind der Meinung, dass man bei Verhandlungen bzw. Verträgen nur das Wichtigste vom Wichtigen festhalten muss. Denn es ist nur eine Willenserklärung. In China ändert sich alles so schnell. Wir planen beim Anlagenkauf nicht für zehn Jahre, das ist uns zu langfristig. Details kann man immer noch später bei Bedarf besprechen und dem Vertrag als Anhang hinzufügen. Natürlich möchten wir auch wie die Deutschen eine Anlage zukunftsorientiert für 20 Jahre planen, aber so etwas kostet viel Geld. Wer weiß, ob inzwischen

unerwartet neue Gesetze kommen oder ich meine Produkte nicht mehr herstellen darf. In der neueren Geschichte gibt es ausreichend negative Beispiele. Lieber kaufe ich eine qualitativ mittelmäßige Anlage und meine Investition amortisiert sich schnellstmöglich. Dann ist das Risiko kleiner.«
Herr Zhao Hua* (50), Geschäftsführer eines mittelständischen Unternehmens in Xi'an

»Chinesische Firmen sind gegenwartsorientiert: Alle wollen kurzfristige Erfolge erzielen. Wer weiß, wie es morgen wird. Wir geben unseren Kunden höchstens drei Jahre Garantie auf unsere Anlagenprodukte. Nach drei Jahren ist es uns gleichgültig, wie die Anlagen laufen. Wir haben genug Kunden. Einer geht, ein anderer kommt wieder. China ist riesig. Uns fehlt es nicht an Kunden. Es gibt aber auch viele Unternehmen, die das Gegenteil praktizieren. Sie legen sehr viel Wert auf langfristige Partnerschaften und bieten einen Aftersales-Service rund um die Uhr an.«
Frau Li Lin* (42), Vertriebsleiterin eines großen Privatunternehmens in Hangzhou

---

*   Namen geändert

7

Führung und
Motivation

Der Erfolg eines Unternehmens in China – ob lokal oder ausländisch – hängt maßgeblich von den Führungsqualitäten und der
Führungspersönlichkeit des Chefs ab. Je nach Region und / oder
Unternehmensform stehen dabei verschiedene Führungsstile in
unterschiedlicher Ausprägung im Vordergrund.

Führungsstile

Im heutigen China treffen wir typischerweise drei Führungsstile[1]:

- **Autoritärer Führungsstil**
  Die Macht liegt beim Vorgesetzten. Seine Anweisungen
  sind absolut und werden von den Mitarbeitern ausgeführt,
  ohne dass diese über deren Sinn nachdenken oder Verantwortung für ihr Tun übernehmen.
- **Paternalistischer Führungsstil**
  Der Chef führt die Mitarbeiter ›väterlich‹ wie eine Familie,
  ist stets Vorbild, aber streng und verantwortungsvoll. Er ist
  auch in wichtige private Angelegenheiten seiner Mitarbeiter involviert. Im Gegenzug sind diese autoritätshörig, treu
  und loyal.

---

1 Waldkirch, Karl, Erfolgreiches Personalmanagement in China, 2009,
 S. 79.

- **Kooperativer Führungsstil**
  Der Vorgesetzte hat die Position eines etwas höhergestellten Kollegen. Die Zusammenarbeit mit den Mitarbeitern wird eng abgestimmt. Dabei sind Eigeninitiative, offene Diskussionen sowie Vorschläge und Kritik erwünscht. Die Mitarbeiter werden in die Entscheidungsfindung eingebunden.

In den verschiedenen **Regionen Chinas** sind tendenzielle Unterschiede zu beobachten, welche Führungsstile in welcher Ausprägung in den lokalen Unternehmen zur Anwendung kommen:

- In **West- und Nordostchina** treffen wir überwiegend autoritäre Führungsstile an.
- In **Südchina** (auch Hongkong und Macao) wird stark paternalistisch geführt.
- In den **modernen Wirtschaftszentren** mit vielen ausländischen Unternehmen, wie beispielsweise an der **Ostküste**, sind zunehmend alle drei Führungsstile vertreten.

Welcher Führungsstil herrscht, hängt auch von der jeweiligen **Unternehmensstruktur** (Staatsbetrieb oder privatwirtschaftliches Unternehmen) ab. Staatsbetriebe werden meist autoritär, private Unternehmen überwiegend paternalistisch geführt. Die steigende Internationalisierung der Unternehmen führt zunehmend auch zu kooperativen Führungsstilen. In traditionellen Branchen treffen wir meist einen autoritären Führungsstil an. Dabei werden diese Unternehmen oft staatlich und bürokratisch geführt. Es wird nach strengen Vorgaben, wie in der Planwirtschaft, gearbeitet. Haben chinesische Partner einen starken Einfluss auf das Unternehmen, beispielweise bei einer 100-prozentigen Tochtergesellschaft oder einem Joint Venture, wird der chinesische Chef meist paternalistisch führen. Das gilt bis heute beispielsweise für den Maschinenbau und für den Großteil der Automobilindustrie. Vergessen wir aber bei dieser Betrachtung nicht, dass individuelle Führungsstile innerhalb von Unternehmen auch stark von der Persönlichkeit der jeweiligen Führungskraft abhängen.

Kommen Sie **als deutschsprachige Führungskraft** in ein Unternehmen in China, achten Sie darauf, welche der oben aufgeführten Faktoren Sie erkennen, die auf den praktizierten Führungsstil schließen lassen. Im Zweifelsfall sind Sie mit der Annahme, dass eher traditionelle Umgangsformen und ein paternalistischer oder autoritärer Führungsstil Anwendung finden, zunächst immer auf der richtigen Seite.

Kooperative Führungsstile sind uns aus der westlichen Welt bereits weithin bekannt. Daher möchten wir uns im Folgenden auf die Rolle von Führungskräften fokussieren, die ihre **Mitarbeiter paternalistisch führen,** so wie wir es in den meisten lokalen privatwirtschaftlichen Unternehmen antreffen.

Aufgaben einer Führungskraft

Weit verbreitet ist in China das **Micro-Management**, bei dem Manager die Arbeit ihrer Mitarbeiter genau überwachen oder kontrollieren. Im Arbeitsprozess wird ein Vorgesetzter regelmäßig den Fortschritt einer gestellten Aufgabe überprüfen und gegebenenfalls korrigieren oder anpassen. Um sicherzugehen, keine Fehler zu begehen und nicht das Gesicht zu verlieren, scheuen Chinesen in diesen Organisationen die Eigeninitiative und zeigen sich bei der Lösung von Problemen recht passiv. Daher hat ein Vorgesetzter **genaue Arbeitsanweisungen** zu geben und sicherzustellen, dass diese auch verstanden worden sind. Er sollte dabei stets darauf achten, seine Mitarbeiter nicht vor anderen direkt zu kritisieren und auf die Gesichtswahrung jedes Einzelnen Wert legen. (Mehr zum Thema *Kritik üben* ab Seite 30, zum Thema *Gesichtsverlust* ab Seite 15.)

Ein traditionell führender Chef wird zudem nicht Individuen, sondern **Teams führen** und die Beratung innerhalb von Gruppen fördern. Er wird die **Gruppenleistungen anerkennen**, Einzelleistungen aber wenig hervorheben. Abschließende Entscheidungen trifft er immer selbst, nachdem seine Mitarbeiter innerhalb der Gruppe die Entscheidungsgrundlage vorbereitet haben. Daher können Entscheidungswege in China recht lang sein.

Vor diesem Hintergrund der **Gruppenorientierung** hat ein westlicher Vorgesetzter bei der Führung chinesischer Mitarbeiter besonders zu beachten, dass eine individuelle Verantwortung für den Einzelnen nicht erstrebenswert ist. Ein westlicher

Arbeitsstil mit der Förderung von Selbstständigkeit und Eigeninitiative, Ungeduld sowie offenen Diskussionen, dem Ansprechen von Problemen und öffentlicher Kritik, und damit dem Zufügen von Gesichtsverlust, ist einer der Hauptursachen für einen ausbleibenden Erfolg sowie für hohe Reibungsverluste und Anfangskosten in China. Sie sollten berücksichtigen, dass ein kooperativer Führungsstil oft als **Schwäche** gewertet wird, wenn chinesische Mitarbeiter nicht über einen längeren Zeitraum an diesen modernen Führungsstil herangeführt wurden. Viele ausländische Führungskräfte in chinesischen Unternehmen versuchen, von Anfang an westlich zu führen und entsprechende Standards einzuführen – und machen damit meist schmerzliche Erfahrungen. GKCHI10 (Artikel des Autors: Schritt für Schritt zum erfolgreichen Asienteam)

»Ich werde den Moment nicht vergessen, als mein Kollege mich fragte, was unser Chef ihm eigentlich gerade erklärt hat. Er hatte es nicht ganz verstanden und bat mich um Hilfe. Nach der Erklärung gab ich ihm den Hinweis, dass er auch bei meinem Chef nachfragen darf, wenn etwas unverständlich ist. Mein chinesischer Kollege erklärte mir, dass sie schon in der Schule lernen, nicht nachzufragen, denn das bedeutet ja, dass der Lehrer nicht gut erklärt hätte.

Daher entsteht wohl die in europäischen Augen ›geduckte‹ chinesische Arbeitshaltung gegenüber dem Vorgesetzten. Aber vielleicht auch genau wegen dieser Kombination aus Fleiß und Nicht-Widersprechen sind die Chinesen dort, wofür wir sie heute bewundern.«
Ellen Reider[2]

Grenzen zwischen Führungskraft und Team

Der paternalistisch agierende Vorgesetzte hat sich nicht nur um die betrieblichen Belange, sondern in besonderem Maß auch um **wichtige private Angelegenheiten** seiner Mitarbeiter zu kümmern. Es liegt in seiner Verantwortung, regelmäßig Anläs-

---

2   Abschlussbericht *Klima und Ressourcenschutz in China*, 2009, S. 2.

se zu schaffen, bei denen alle Kollegen persönliche Beziehungen aufbauen und vertiefen können. Dies geschieht durch die Ausrichtung von Betriebsausflügen, firmeninternen Sportveranstaltungen, Wandertagen oder die Bereitstellung von Wohnungen bzw. Häusern, die die Mitarbeiter an Wochenenden oder in den Ferien mit Kollegen oder der Familie nutzen können. Derartige Aktivitäten tragen zu einem positiven Betriebsklima bei. Im Gegenzug werden die Mitarbeiter ihren Chef zu familiären Anlässen, wie Hochzeiten, Beerdigungen oder zu besonderen Geburtstagen, als Ehrengast einladen.

Die vielen Kontakte mit den Mitarbeitern außerhalb des Unternehmens können eine deutschsprachige Führungskraft in China dazu verleiten, sich auch im Tagesgeschäft besonders **kumpelhaft** zu geben. Dies kann kontraproduktiv wirken. Denn ein chinesischer Mitarbeiter mag sich zwar durch ein gemeinsames Mittagessen mit seinem Chef in der Kantine geehrt fühlen. Auf der anderen Seite führt dies aber meist zu **Verwirrung und Unsicherheit,** welches Verhalten nun adäquat ist. Ein Vorgesetzter sollte sich daher im Unternehmen entsprechend hierarchisch verhalten.

Westliche Führungskräfte tun sich mit dieser Chefrolle oft schwer und realisieren nicht, welche Stellenwerte die **hierarchische Distanz einerseits** und die **regelmäßigen Teamaktivitäten andererseits** für den Unternehmenserfolg haben. Ein von deutschsprachigen Vorgesetzten gesuchter lockerer Umgang mit chinesischen Mitarbeitern wird in einer paternalistisch geführten Organisation oft als **Schwäche des Ausländers** interpretiert. Das Verhältnis zu den Mitarbeitern lässt sich daher bei Feierabend- oder gemeinsamen Wochenendveranstaltungen deutlich ungezwungener gestalten als im Tagesgeschäft.

Interkulturelle Konflikte

Ausländer in einer Tochtergesellschaft in China werden stets skeptisch beobachtet. Ihr Verhalten wird meist automatisch durch die ›chinesische Brille‹ betrachtet, nach den gelernten Mustern und Verhaltensstandards interpretiert. Chinesen rechnen stets mit neuen und meist negativen ›Überraschungen‹ im Verhalten eines Ausländers. Diese **Unberechenbarkeit** führt dazu, dass sie sich zurückziehen und zunächst sehr abwartend reagieren. Je mehr ein Ausländer die chinesischen Regeln und Umgangsformen kennt und auch anwendet, desto höher ist seine Akzeptanz. Dabei sollen Ausländer nicht ›chinesisch‹ werden. Sie sollen ›authentisch westlich‹ bleiben, doch die **lokalen Regeln respektieren** und bei Bedarf zielführend anwenden. Wir alle kennen den Ausspruch: ›*In Rome do as the Romans do!*‹

Interkulturelle Konflikte oder Missverständnisse zwischen einer deutschsprachigen Führungskraft und chinesischen Mitarbeitern entstehen regelmäßig durch mangelnde Kenntnisse oder Wertschätzung der unterschiedlichen Gepflogenheiten. Dies gilt für beide Seiten. Vor allem eine direkte Kommunikation und Kritik an chinesischen Mitarbeitern führen schnell zu **Gesichtsverlust** (Siehe Seite 15.) und gehören daher zu den Hauptursachen für interkulturell bedingte Konflikte.

Konflikte mit Chinesen sind für uns jedoch oft kaum als Konflikte erkennbar, sondern werden meist nur durch **indirekt wahrnehmbare Veränderungen im Verhalten** spürbar. Alle möglichen Probleme können plötzlich im Tagesgeschäft auftauchen, doch Sie werden lange darauf warten müssen, offene Signale für einen bestehenden Konflikt zu empfangen.

Beim Auftreten von Problemen oder Konflikten ist es daher immer ratsam, die **persönliche Beziehungsschiene zu nutzen,** um mit Flexibilität und Verständnis für die Situation des anderen die Arbeitsbeziehung wieder auf die richtige Bahn zurückzuführen. **Loben und Wertschätzen** Sie die bisher geleistete Arbeit und suchen Sie dabei das persönliche Gespräch. Ein ausgelassener Abend mit viel ›harmonisierendem‹ Alkohol hat schon viele Konflikte entschärft oder in einem anderen Licht erscheinen lassen.

Qualifizierte Mitarbeiter rekrutieren

Während in den letzten Jahren primär ausländische Unternehmen die relativ hohen Löhne und Gehälter für qualifizierte Mitarbeiter zahlen konnten, kämpfen zunehmend auch chinesische Arbeitgeber um **High Potentials.** Anders gesagt, gut ausgebildete Arbeitskräfte haben oft die Auswahl zwischen vielen möglichen Arbeitsplätzen. Für deutschsprachige Unternehmen stellt daher die Personalsuche eine der Hauptherausforderungen in China dar. Und nicht selten bleibt ihnen nichts anderes übrig, als selbst in die **Weiterbildung** ihrer chinesischen Mitarbeiter zu investieren oder höhere Gehälter zu zahlen.

Die üblichen **Wege der Mitarbeitersuche** sind in China die Teilnahme an Jobmessen, die Direktrekrutierung an Universitäten, persönliche Empfehlungen und das Schalten von Anzeigen, z. B. in Online-Jobbörsen, zumindest wenn es sich um Mitarbeiter der unteren und mittleren Hierarchieebenen handelt. Sie müssen allerdings damit rechnen, dass bei Online-Stellenanzeigen in kurzer Zeit Hunderte von Bewerbungen eingehen und zu bewerten sind. Um die Bewerberzahl einzugrenzen, sollten Sie in der Werbung um Arbeitskräfte **nur konkrete Stellenbeschreibungen** mit wichtigen Details einsetzen.

Für die **Rekrutierung von Managern und Führungskräften** ist die Schaltung von Anzeigen nicht der geeignete Weg, da die zu erwartenden unzähligen Bewerber meist von ihrem alten Arbeitgeber gekündigt wurden und/oder nicht die gewünschten Qualifikationen mitbringen. Für die Suche nach besser geeigneten Führungskräften empfiehlt es sich, auf erfahrene **Personalberater** *(Executive Search Service)* zurückzugreifen, auch wenn diese ihren Preis haben. Dabei gilt es, **keine westlichen Suchprofile** zu erstellen, sondern darauf zu achten, dass chinesische Erfolgskriterien, die zu Ihrem Unternehmen passen, im Vordergrund stehen. GKCHI10 (Artikel des Autors: Schritt für Schritt zum erfolgreichen Asienteam)

Auswahlkriterien

Bei chinesischen Einstellungsverfahren mit einer Flut an Bewerbern zeigt die Erfahrung, dass die eingesandten Lebensläufe der Kandidaten oft sehr ähnlich sind und zusammen mit den diversen Zeugnissen, Zertifikaten und Referenzen für Westler **wenig relevante Fakten** beinhalten. So ist es in der Konsequenz empfehlenswert, **lokale Mitarbeiter oder Personalspezialisten** hinzuzuziehen, damit diese ihre **chinesischen Eindrücke und Kriterien** in die Beurteilung der Kandidaten einfließen lassen können.

Gut zu wissen: Leider gibt es in China vielfältige Möglichkeiten, Zertifikate, Hochschulzeugnisse, Referenzen und andere Dokumente **fälschen** zu lassen. Besonders westliche Unternehmen fallen immer wieder darauf herein. Daher ist es erforderlich, die relevanten eingereichten Informationen und Dokumente der Bewerber im Vorfeld zu **verifizieren**. Bitten Sie chinesische Kollegen, bei früheren Arbeitgebern anzurufen und lassen Sie sich wichtige Informationen bestätigen. Diesen Markt haben zwischenzeitlich auch Detekteien entdeckt, die Bewerbern mit gefälschten Unterlagen auf die Spur kommen.

Hinsichtlich der Auswahlkriterien sollten Sie beachten, dass im chinesischen Bildungssystem gelehrt wird, Gesetze und Regeln zu lernen und zu befolgen. Man hinterfragt nicht. So entstehen **Defizite bei Problemlösungskompetenzen** und unabhängigem Denken. Das ist allerdings genau das, was deutschsprachige Manager suchen – und die meisten chinesischen Bewerber nicht mitbringen. Eigenständigkeit und Kreativität widersprechen konfuzianischen Werten und müssen in modernen Unternehmen erst vorsichtig über einen längeren Zeitraum entwickelt und kultiviert werden. Entsprechend spielen **Fachkenntnisse**, **Persönlichkeit** und **Integrationsfähigkeit** in ein Team in China eine größere Rolle.

Seien Sie jedoch vorsichtig mit ›Jobhoppern‹, die mehrere Anstellungen in kurzer Zeit angeben. Werden Sie diese halten können?

Wenn Sie chinesische Mitarbeiter **auf Empfehlung** einstellen möchten, beachten Sie: Eine Empfehlung hat in China wenig damit zu tun, dass der Empfehlende für die ›Qualität‹ des neuen Mitarbeiters einsteht. Sie ist nur Zeichen dafür, dass sich innerhalb des Guanxi-Netzwerks (Siehe dazu auch Seite 15.) eine Person befindet, dem der Empfehlende einen Gefallen tun möchte. Häufig handelt es sich dabei um nahe oder entfernte Familienangehörige.

Vorstellungsgespräche

Nehmen Sie sich in Vorstellungsgesprächen viel Zeit. Führen Sie zudem mehrere Interviews durch. Erste Eindrücke, insbesondere in englischer Sprache, können täuschen. Zu schnell würden Sie andernfalls nach ausschließlich westlichen Kriterien Mitarbeiter einstellen, die im chinesischen Kontext nicht funktionieren. Eigene chinesische Mitarbeiter können oft einen besseren Eindruck von den Kandidaten gewinnen.

Da **englische Sprachkenntnisse** bei Chinesen oft Mangelware sind, zeigt sich immer wieder, dass sie in ihrer Bedeutung zu hoch eingeschätzt werden und fachliche Qualifikationen zu sehr zurückstehen. Oft sprechen die erfahrenen Fachleute kein Englisch, während die jüngeren, Englisch sprechenden Chinesen kaum Berufserfahrung haben. Würden Sie in Ihrem Heimatunternehmen jemanden primär deshalb einstellen, weil Sie sich mit ihm im Vorstellungsgespräch sprachlich verständigen können? Wohl kaum!

Mitarbeiterfluktuation vorbeugen

Die Ausbildung von Fach- und Führungskräften in China kann nicht mit dem enormen Wirtschaftswachstum mithalten und der **Wettbewerb um qualifizierte Mitarbeiter** ist sehr hoch. In der Konsequenz ist die Mitarbeiterfluktuation in ausländischen Tochtergesellschaften in China eine der höchsten in der Welt. Als Arbeitgeber gilt es daher, diese begehrten Mitarbeiter zu überzeugen, an das Unternehmen zu binden und nicht an die Konkurrenz zu verlieren. Da ist es leicht zu verstehen, dass man Mitarbeiter **im chinesischen Sinne gut behandeln und motivieren** sollte. Bieten Sie in einem Umfeld mit stets steigenden Löhnen ein **ausgewogenes, wettbewerbsfähiges Gehaltspaket** inklusive ansprechender Nebenleistungen – Zuschüsse zu Versicherungen, Ausbildungszuschüsse auch für Kinder ▤ GKCHI11 (Video-Reihe: Büffeln und Buckeln für die Kinder in China), Unterstützung bei der Wohnungsbeschaffung, etc. Monetäre Faktoren alleine reichen aber meist nicht aus, um Mitarbeiter zu halten. Weitere **Motivationsfaktoren** in China sind:

- Regelmäßige Maßnahmen zur Weiterbildung
- Harmonisches Arbeitsumfeld, in dem die chinesische Gesichtswahrung einen hohen Stellenwert hat
- Vorbildfunktion des Vorgesetzten: Identifikationsfigur

und väterliche Fürsorge, auch für private Probleme der
Mitarbeiter
- Regelmäßige Kontrolle, Anerkennung und Lob
- Aktive Integration in das Mitarbeiterteam
- Freizeitveranstaltungen für die Mitarbeiter (z. B. Tisch-
tennisturnier, Jahresausflug, etc.), die das Wir-Gefühl
steigern

Chinesische Mitarbeiter praktizieren **weniger Selbstkontrolle**
als beispielsweise Deutsche. Stattdessen werden sie regelmäßig
durch ihre Vorgesetzten kontrolliert. Je wichtiger die Aufgabe
des Mitarbeiters ist, desto stärker wird die Kontrolle ausfallen.
Für uns kaum nachvollziehbar, werden regelmäßige **Kontrollen
des Chefs** von chinesischen Mitarbeitern nicht negativ, sondern
positiv und motivierend empfunden. Die direkte Ansprache
von Fehlern oder Versäumnissen vor anderen wird jedoch mit
einem Affront gleichgesetzt. Vermeintlich belanglose Äußerungen können schnell zu einem erheblichen Gesichtsverlust und
einer entsprechenden Demotivation führen. (Mehr zum Thema
Kritik üben siehe Seite 30, zum Thema *Gesichtsverlust* siehe
Seite 15.) Hier ist ›interkulturelles Fingerspitzengefühl‹ angebracht.

Weiterhin sollten Sie berücksichtigen, dass die Qualität der
Zusammenarbeit auch von der Qualität chinesischer oder westlicher Führungskräfte abhängt. Jeder Asienerfahrene kennt Beispiele, in denen sich allein durch den **Wechsel der Geschäftsfüh-
rung** die Mitarbeiterfluktuation maßgeblich erhöhte oder auch
stark reduzierte. Die zwischenmenschlichen Beziehungen sind in
China für den geschäftlichen Erfolg von großer Bedeutung.

Bei der **Auswahl ihrer Führungskräfte** machen westliche
Unternehmen immer wieder Erfahrungen mit Fehlbesetzun-
gen und den daraus resultierenden Konsequenzen: Im deutschsprachigen Raum erfolgreiche durchsetzungsstarke Geschäftsführer oder Chefs sind in China oft nicht in der Lage, ihr Team
›mitzunehmen‹ oder zu motivieren, worauf die Mitarbeiter sich
bessere Arbeitsbedingungen in einem anderen Unternehmen
suchen. Daneben werden Chinesen mit einer Ausbildung im
westlichen Ausland oft mit hohen Erwartungen als Führungskraft eingestellt. Da sie auch ohne nennenswerte berufliche

Erfahrung sehr gut bezahlt werden, werden sie von ihren erfahrenen chinesischen Mitarbeitern nicht akzeptiert, woraufhin viele nicht mehr kooperieren wollen oder das Unternehmen verlassen.

Sie müssen also beim Einsatz von Führungskräften in jedem Fall Kompromisse schließen und die für das jeweilige Unternehmen passende Lösung finden. Seien Sie außerdem bei Ihrer Personalplanung generell ›großzügig‹ und stellen Sie gegebenenfalls für eine Funktion **mehr Mitarbeiter ein, als Sie benötigen.** Denn aufgrund der hohen Mitarbeiterfluktuation ist die Wahrscheinlichkeit hoch, dass nach einer Qualifizierungsmaßnahme der eine oder andere Mitarbeiter – trotz Ihrer Bemühungen als guter Arbeitgeber – mit der neu erworbenen Qualifikation zu einem anderen Unternehmen wechselt.

Auf einen Blick

- Da die fachliche Qualifikation der meisten chinesischen Fachkräfte nicht mit der in Europa vergleichbar ist, hat es sich für ausländische Unternehmen als das Hauptproblem herauskristallisiert, geeignete Mitarbeiter zu rekrutieren und diese zu halten.
- Chinesische Mitarbeiter sind chinesische Führungsstile und Motivationsfaktoren gewohnt.
- Der Erfolg eines ausländischen Unternehmens in China ist maßgeblich vom ›interkulturellen Zusammenspiel‹ östlicher und westlicher Mitarbeiter abhängig.
- Führung und Zusammenarbeit verlaufen in China über die persönliche Schiene erfolgreicher. Empathie, persönliche Gespräche und Veranstaltungen mit Mitarbeitern sind häufig die Schlüsselfaktoren.
- Nutzen Sie bei Stellenausschreibungen chinesische Auswahlkriterien. Erwarten Sie von neuen Mitarbeitern keine oder nur wenig Eigeninitiative und Kreativität.
- Englische Sprachkenntnisse alleine sind bei Chinesen noch kein Zeichen für berufliche Erfahrung in westlichen Ländern.

Achtung!

- Führen Sie westliche Führungsstile, Standards und Prozesse nur sehr bedacht und über einen längeren Zeitraum ein. Ansonsten werden Sie mit hohen Reibungsverlusten, Demotivation Ihrer Mitarbeiter, mangelhafter Kommunikation und Mitarbeiterfluktuation rechnen müssen. Leider werden westliche Führungskräfte immer wieder von ihrem europäischen Headoffice zu übereilten Schritten gedrängt, ohne sich mit den möglichen Konsequenzen auseinandergesetzt zu haben.

Als deutsche Führungskraft in China

Über eine lange und vorsichtige Eingewöhnung und Weiterbildung der Mitarbeiter kann es gelingen, in einem traditionellen chinesischen Arbeitsumfeld einen westlichen Arbeits- und einen kooperativen Führungsstil einzuführen. Im folgenden Interview berichtet Markus Müller* (46), IT-Leiter in einem deutschen Chemieunternehmen in Shanghai, über seine persönlichen Erfahrungen.

Wie ist der Arbeitsstil in Ihrem Unternehmen?
An sich haben wir einen offenen westlichen Stil. Unsere Führungsmannschaft ist nicht mehr rein mit Deutschen besetzt – mittlerweile sind die deutschen Manager sogar in der Minderheit. Unsere Unternehmenssprache ist Englisch.

Die Aufbau- und Ablauforganisation inklusive der Regularien und IT-Systeme ist weitestgehend global vereinheitlicht. Es gibt nur sehr wenige lokale Gepflogenheiten (Company Outing, Team-Essen bei einem Neuzugang, etc.). Das Personalmodell (Führung, Beurteilung, Bezahlung, Beförderung, etc.) folgt ebenfalls einem globalen Standard. Ein ethisch korrektes Handeln hat grundsätzlich Vorrang. Gleichzeitig versucht unser Unternehmen, sich in China als vorbildlicher Arbeitgeber zu positionieren.

Wie gehen Ihre chinesischen Kollegen mit Fristen und Terminen um?
In meinem Umfeld kann ich eigentlich keine Nachlässigkeit bei Terminen oder Fristen erkennen. Wir machen hier viele Projekte

---

*   Name geändert

und die Kollegen wissen, dass Termine einzuhalten sind. Extra-arbeit über Feiertage oder am Wochenende wird auch klaglos durchgeführt. Allerdings bieten wir in unserer Firma auch eine sehr gute Kompensation. Eigentlich hatte ich bei diesem Thema niemals Probleme.

Was es schon gibt, ist, dass sich Kollegen aufgrund einer falschen Selbsteinschätzung übernehmen und sich dann erst relativ spät melden, wenn sie die Aufgaben nicht schaffen. Das habe ich ein paar Mal erlebt und bin etwas vorsichtiger geworden, wenn ich sehe, dass sich einzelne Mitarbeiter mit Aufgaben ›eindecken‹ wollen.

Auch bei Meetings bin ich immer sehr überrascht, wie pünkt-lich alle erscheinen. An sich habe ich nur positive Erfahrungen im Umgang mit Terminen und Fristen gemacht. Insgesamt kann ich das auch zum Thema Zuverlässigkeit sagen.

Wie ist der Informationsfluss in Ihrer Firma?
An sich besteht eher eine Holschuld, d. h. ein Vorgesetzter er-greift die Initiative. Darüber gibt es auch keine Diskussionen, und es wird, glaube ich, auch so erwartet. Allerdings sind die chinesischen Mitarbeiter immer auskunftsfreudig und -willig – in vielen Fällen auch proaktiv, aber meistens nur bei wichtigen Er-eignissen oder wenn ein persönliches Anliegen dahintersteckt. Nachfragen oder Unsicherheit zeigen gelten hingegen sicher eher als Blöße und Gesichtsverlust.

Es wird aber auch gerne mal etwas unter den Teppich ge-kehrt und einfach abgewartet. Hier besteht die Gefahr, dass Dinge falsch oder aus dem Ruder laufen. Meiner Sichtweise nach behalten einige chinesische Kollegen auch gerne Infor-mationen für sich, ›Wissen ist Macht‹, und die will man nicht unbedingt teilen.

Wie gehen Ihre chinesischen Mitarbeiter mit Problemen um?
Je nach Problemstellung gibt es viele Diskussionen und un-endlich viele Lösungsansätze. Häufig verrennen sie sich in Kleinigkeiten oder es werden extrem seltene Varianten disku-tiert. Es besteht die Neigung, alle möglichen Parteien zurate zu ziehen. Letztendlich soll dann aber die Entscheidung vom Management kommen.

Ich habe es auch schon erlebt, dass eine Entscheidung vom Management getroffen wurde, diese sich aber nicht durchsetzen ließ, weil die Basis nicht überzeugt war. Daher scheint eine Problemlösung auch nur dann möglich zu sein, wenn sie als solche von allen Parteien getragen wird.

Was ich niemals gesehen habe, waren kontroverse Diskussionen – so wie man es aus Deutschland kennt, wenn im Guten um die beste Lösung gestritten wird. Es mag aber auch sein, dass mir so etwas aufgrund der fehlenden Sprachkenntnisse nicht aufgefallen ist. Insgesamt glaube ich aber, dass bei der Problemeskalation und -lösung immer der hierarchische Weg begangen wird.

Was ist das typische Verhalten der Chinesen bei einer Mitarbeiterschulung, z. B. im technischen Bereich?

Normalerweise werden die Dinge wie in der Schule durchgeführt: Ein Referent spricht und die Gruppe hört zu. Analog zu der vorherigen Frage werden auch in Workshops relativ abwegige Dinge diskutiert und man hält sich auch an kleinen Details auf. Querdenker oder Visionäre habe ich noch nie erlebt. Meistens wird das Vorhandene an sich akzeptiert, aber gedanklich nicht weiterentwickelt.

Wie ist der Führungsstil in Ihrer Firma?

Grundsätzlich ist der Führungsstil kooperativ und zielbezogen *(Management by Objectives)*. In der Realität finden Sie aber verschiedene Stile, da jeder anders führt. Tendenziell haben die chinesischen Führungskräfte ein eher autoritäres, vielleicht auch eher patriarchisches Auftreten, aber auch nicht durchgängig. Insgesamt hängt vieles vom Thema Führungserfahrung ab. Viele chinesische Manager sind sehr schnell aufgestiegen und haben auch sehr rasch Verantwortung erlangt. Dass da auch mal etwas schiefgeht, ist zu erwarten.

Insgesamt hat sich aber in unserem Unternehmen eine Art ›globale Führungskultur‹ herausgebildet. Der deutsche Manager ist nicht mehr so dumm, einen Termin an *Chinese New Year* anzusetzen. Und umgekehrt weiß auch jeder Chinese, dass in Deutschland zwischen Weihnachten und Neujahr sämtliche Geschäfte nahezu ruhen. Ich will damit sagen, dass alle voneinander gelernt haben.

Welches sind die Hauptprobleme und die Hauptvorzüge im Umgang mit chinesischen Mitarbeitern?

Grundsätzlich ist die Bereitschaft, etwas anderes zu machen, etwas zu lernen, anzugehen, anzupacken in China viel, viel höher. ›Gesagt, getan‹ – dieses Motto findet man ganz oft vor. Auch der Veränderungswille ist viel ausgeprägter.

Mir ist auch aufgefallen, dass Chinesen viel mobiler sind als Deutsche. Wenn ich nur daran denke, von woher alle Kollegen stammen. Ich habe auch Bewerbungen von ausgebildeten Touristikmanagern oder Textilingenieuren bekommen. Entweder ist dies auf eine ungeheuer große Flexibilität und fehlende Scheu vor etwas anderem oder auf eine bodenlose Selbstüberschätzung zurückzuführen. Das weiß man manchmal nicht so genau. Jedenfalls ist das auch ein Problem: Es gibt viele, die sich bei Routine langweilen und durch den Druck in der Familie meinen, sich permanent verändern zu müssen. Loyalität spielt dann keine große Rolle. Ich denke, dass dies zusammen mit der hohen Fluktuation auch als eines der größten Probleme angesehen wird.

Und ist Teamgeist zu spüren?

Aus meiner Sicht ist der Teamgeist in unserem Unternehmen sehr positiv. Ich sehe, dass sich alle gegenseitig schätzen und unterstützen. Unser Team unternimmt auch gerne mal etwas außer der Reihe zusammen.

Ich habe neulich angeregt, ein kleines Video über unser Team zu drehen und es auf einem globalen Meeting zu zeigen. Sie können sich gar nicht vorstellen, mit was für tollen Ideen und mit welchem Elan dies gemacht wurde. Ich finde das schon außergewöhnlich toll.

Auch sonst hatte ich noch nicht so viel Fluktuation in meinem Team und wir pflegen einen offenen Dialog. Ich glaube, dass sich dies dann auch positiv auf das Gesamtteam auswirkt.

Ich habe dieses Jahr auch als eine Art Experiment drei Absolventen frisch von der Universität eingestellt. Ich sehe, dass dies sehr positiv aufgenommen wird. Die ›Alten‹ kümmern sich gut um die ›Jungen‹.

Wie motivieren Sie Mitarbeiter in Ihrer Firma?

Das Finanzielle stimmt. Die Projekte und das Umfeld sind interessant. Entwicklungsmöglichkeiten – auch in andere Bereiche hinein – sind vorhanden. Ich glaube, dass viele verstanden haben, dass unser Unternehmen ein attraktiver Arbeitgeber ist, bei dem man Beruf und Privatleben gut miteinander verbinden kann. Unser Unternehmen gilt als ein Arbeitgeber, der seine Mitarbeiter nicht ›verschleißt‹. Aus vielen Gesprächen höre ich, dass dies alles sehr geschätzt wird.

8

Geschäftsessen und After Work

In dem Maße, wie die konfuzianischen Regeln Geschäftsleuten tagsüber Zurückhaltung und eine indirekte Kommunikation abverlangen, sollen abendliche Veranstaltungen die Möglichkeit geben, sich in einer lockeren Atmosphäre gut zu unterhalten und persönlich kennenzulernen. Die Abende mit chinesischen Geschäftspartnern sind daher oft privaten Gesprächen über Familie, Hobbys und Schönheiten oder Errungenschaften des Landes vorbehalten. Es kann aber beispielsweise auch Essen geben, bei denen über Geschäftliches gesprochen wird. Da gibt es keine klaren Regeln.

Einladungen, auch wenn sie kurzfristig ausgesprochen werden, sollten Sie in jedem Fall versuchen anzunehmen. Verweisen Sie beispielsweise nicht auf einen anstrengenden Nachtflug und dass Sie lieber am nächsten Tag ausgeschlafen sein möchten. Chinareisen sind anstrengend und solange Sie sich auf den Beinen halten können, sollten Sie keine Einladung ablehnen. Nutzen Sie die wenigen Möglichkeiten, die im Chinageschäft so wichtigen persönlichen Beziehungen aufzubauen. ▤ GKCHI12 (Video: Chinese Business Etiquette: Finding Objections) Gut zu wissen: **Pünktlichkeit** ist bei persönlichen Treffen wichtig.

Geschäftsessen

Essen hat in China eine zentrale Bedeutung. Von 12 bis 13 Uhr mittags werden Sie in chinesischen Büros kaum jemanden antreffen und es wird auch niemand ans Telefon gehen. Und nach der Arbeit geht es um 18 Uhr nicht erst nach Hause, sondern gleich ins Restaurant zum **Abendessen**. Wenn Chinesen nicht bis 19 Uhr zu Abend gegessen haben, werden sie sehr ungeduldig. Betreten Sie in China nach 20 Uhr ein Restaurant, weil Sie etwas zu Essen haben möchten, kann es passieren, dass Sie recht ungläubig angestarrt werden.

Viele Restaurants bieten für Geschäftsessen separate Räume, in denen man ungestört beim Essen Gespräche führen kann. In offiziellen Meetings wird viel Wert auf die Sitzordnung gelegt. Bei einem normalen Geschäftsessen ist die Sitzordnung jedoch **relativ locker**: Die höchstrangigen Delegationsvertreter des Gastgebers nehmen meist den besten Platz weit weg von der Tür ein, von dem aus sie alle Gäste gut sehen können. Je offizieller der Anlass für ein Geschäftsessen ist, desto förmlicher ist der Ablauf. Dann werden Tischkarten verteilt, sodass jeder an einem vorgegebenen Platz sitzt. Auch der Dresscode wird vorgeschrieben.

Man trinkt Tee, Wasser, Bier oder Wein und sogar Schnaps während des Essens. Gerne werden kurze **Ansprachen** gehalten, und die gute Stimmung wird regelmäßig durch **Trinksprüche** und ›ganbei‹, dem chinesischen ›Prost‹, gefördert. Aber Vorsicht: Westlich-humorvolle Anmerkungen oder Witze werden in vielen Fällen nicht verstanden.

Geschäftliche Abendessen ziehen sich erheblich länger hin als im deutschsprachigen Raum üblich. Ist der letzte Gang vorbei, wird es ruhig und der Gastgeber sagt typischerweise: ›Es wird spät, wir sollten langsam aufbrechen.‹ Jeder verabschiedet sich mit überschwänglichen Danksagungen und innerhalb kurzer Zeit sind alle auf dem Heimweg. Die westliche Art, nach dem Abendessen für ein paar Absacker weiter in eine Bar zu ziehen, ist eher unüblich.

Die **Rechnung** übernimmt in der Regel der Gastgeber. Bezahlt wird an der Kasse am Ausgang – auf dem vermeintlichen Weg zur Toilette –, ohne dass es der Eingeladene bemerkt. **Trinkgelder** waren in der Vergangenheit in China nicht üblich.

In internationalen Hotels und in großen Städten wie Shanghai werden sie jedoch meist gerne angenommen.

»In unserem Unternehmen gibt es oft gemeinsame Essen auf Firmenkosten. Das Abendessen beginnt meistens zwischen 18 und 19 Uhr. Es wird sehr viel Bier getrunken. Die chinesischen Tischmanieren sind für viele Europäer fremd. Wenn Chinesen Rippchen oder Hühnerfleisch essen, werden die Knochen einfach auf den Tisch gespuckt. Der Tisch sieht hinterher wie ein Schlachtfeld aus. Manche benutzen Zahnstocher – vor den Augen der anderen. Das scheint aber niemanden zu stören. Während des Essens redet jeder mit vollem Mund. Ständig bewegen sich Essstäbchen in der Luft, wenn jemand aufgeregt redet. Es wird sehr viel kreuz und quer über den Tisch geredet und laut gelacht. Jeder wird zunehmend lockerer. Ein guter Ort, Mitarbeiter persönlich kennenzulernen.

Ab und zu finden Geschäftsessen auf einer höheren hierarchischen Ebene statt. In diesem Fall ist es meistens ruhiger. Das Restaurant ist dann gut ausgewählt. Der Gastgeber ist für den Anlass elegant gekleidet. In China gibt es in vielen Restaurants separate Räume, sogar mit Karaoke-Einrichtungen, damit man in Ruhe reden oder sich vergnügen kann. Nach jeder Geschäftsverhandlung muss Stress abgebaut werden. Manchmal stellt das Restaurant oder der Gastgeber auch elegante Animierdamen zur Verfügung, um die Stimmung zu lockern.«

Mark Schmidt* (56), deutscher Expatriate, seit mehreren Jahren in Shanghai und Hangzhou tätig

Gemeinsam feiern

Bei Abendveranstaltungen geht es darum, sich in ausgelassener Atmosphäre besser kennenzulernen und ein Gefühl dafür zu bekommen, ob die Chemie zwischen den Partnern stimmt. Man trinkt Bier und später auch *Maotai*, einen chinesischen Weizenschnaps, und es wird geplaudert und viel gelacht. Auch Bottomup-Spiele mit Hochprozentigem bleiben manchem Geschäftsreisenden lange in Erinnerung.

---

*   Name geändert

Gespräche über das andere Geschlecht gehören beim abendlichen Entertainment dazu. Das gilt für Frauen wie auch für Männer. Bei steigendem Alkoholkonsum können die Themen auch schon einmal deftiger werden. Wer sich dem entziehen möchte, kann sich gegebenenfalls zu später Stunde mit einer Ausrede wie ›noch etwas für das Headoffice vorbereiten zu müssen‹ oder ähnlichem entschuldigen.

Generell gilt jedoch: Seien Sie **keine Spaßbremse**. Je ausgelassener der Abend, desto besser die Gespräche am Folgetag. Denn am nächsten Morgen sind alle ›Fehltritte‹ des Vorabends vergessen und der Respekt Ihnen gegenüber wird sich nicht im geringsten Maße verschlechtert haben, ganz im Gegenteil.

Karaoke-Singen

Werden Sie zum Karaoke-Singen eingeladen, sollten Sie Ihre Hemmungen überwinden. Am besten gelingt dies, indem Sie daran denken, dass es sich **nicht um einen Gesangswettbewerb** handelt. Es geht darum, dass alle Spaß haben wollen. Nicht singen zu können, ist daher eine untaugliche Ausrede, die nicht akzeptiert wird. Lassen Sie sich nicht demotivieren, wenn Mr. Li angekündigt wird mit: ›*He sings like an opera singer.*‹ Er wird wohl sehr gut singen können. Doch der Spaß kommt erst bei Mr. Zhao auf, der mit voller Begeisterung ein Lied zu trällern beginnt, das sich völlig schräg anhört. Falls Sie sich dann immer noch nicht trauen, alleine zu singen, greifen Sie sich die Hand eines chinesischen Partners und ziehen Sie ihn mit auf die Bühne, damit er mit Ihnen gemeinsam singt.

Private Einladungen

Anfang der Neunzigerjahre luden Chinesen sehr gerne Ausländer zu sich nach Hause ein, auch wenn ihre Wohnverhältnisse bescheiden waren. Für sie war es eine Ehre, einen Gast aus dem Ausland zu Hause zu bewirten. Schließlich konnte man die Beziehungen später eventuell gut nutzen. Hinzu kam, dass die Restaurants immer voll waren. Das Essen dort war nicht so gut und die hygienischen Verhältnisse ließen zu wünschen übrig. Wollte man einen ausländischen Gast näher kennenlernen, erhielt er nicht selten eine private Einladung.

Im heutigen China ist es eher die Ausnahme, Ausländer nach Hause zum Essen einzuladen. Es gibt überall gepflegte Restaurants. Kollegen und Nachbarn müssen nicht wissen, mit wem man ausgeht.

Sollten Sie dennoch eine private Einladung erhalten, bringen Sie ein kleines **Geschenk**, entweder für die Kinder, die Eltern, die Gastgeberin oder den Gastgeber – in dieser Reihenfolge – mit. Früchte und Kulinarisches sind immer passend. Außer unter jungen Leuten sind Blumen in China noch kein geeignetes Gastgeschenk. (Mehr zum Thema *Geschenke* siehe Kapitel 2 auf Seite 23.)

Chinesen legen sehr viel Wert auf die **frische Zubereitung** ihrer Speisen. Die Gastgeberin steht daher fast die ganze Zeit in der Küche. Lieber einfach nur zum Kaffeetrinken kommen? Das kennt man in China nicht. Wollen Sie Ihre Dankbarkeit zum Ausdruck bringen, laden Sie Ihren chinesischen Partner irgendwann wieder zum Essen ein. Es ist nicht üblich, nach einer Einladung ein Dankesschreiben zu senden.

»Ab und zu bin ich von meinen chinesischen Geschäftsfreunden nach Hause eingeladen worden. Ein Gast wird in China stets pünktlich erwartet. Das Haus ist immer blitzblank sauber. Vor dem Essen gibt es etwas zu knabbern, Erdnüsse oder Sonnenblumenkerne, Obst und Tee. Dabei läuft der Fernseher während der Unterhaltung oft weiter. Die Eltern des Gastgebers waren meistens dabei, um in der Küche zu helfen.

Der Tisch war mit einer bunten Plastikdecke gedeckt. Man hatte Teller, Tassen, Gläser und Essstäbchen jeder Variation, jeder Größe und Farbe zusammengestellt. Wie oft habe ich aus einem Wasserglas oder einer Teetasse chinesischen Wein oder Bier getrunken? Bei so einem Essen zählt nur die herzliche Stimmung. Die Gastgeber tun fast immer ihr Bestes, um die Gäste froh zu stimmen.

Ich habe immer ein kleines Gastgeschenk, entweder für die Kinder oder die Eltern meiner chinesischen Freunde mitgebracht. Das Essen war immer vorzüglich.«
Tobias Müller* (51), Inhaber einer Import- & Exportfirma in Deutschland

---

*   Name geändert

Kultur- und Unterhaltungsprogramme

Zum Beziehungsaufbau gehören im chinesischen Geschäftsleben unweigerlich auch **gemeinsame Unternehmungen** wie Stadtführungen, Museumsbesuche, Veranstaltungen, Golfspielen oder auch Fußmassagen. **Ganztägige Ausflüge,** gegebenenfalls mit Übernachtung, stehen hin und wieder ebenfalls auf dem Programm.

In der Regel zahlt der Gastgeber für diese Unternehmungen. Bedenken Sie, dass eine **Gegeneinladung** erwartet wird, für die Sie die Organisation und die Kosten übernehmen sollten.

Auf einen Blick

- Abendliche Veranstaltungen oder gemeinsame Unternehmungen dienen dem Beziehungsaufbau, bevor Sie mit Ihren chinesischen Partnern geschäftliche Angelegenheiten erörtern.
- Alkohol wird bei vielen Abendveranstaltungen reichlich serviert, um die Zungen der Geschäftspartner zu lockern und sich persönlich besser kennenzulernen.
- Feiern Sie mit und seien Sie keine Spaßbremse. Bei Karaoke-Veranstaltungen ist es unwichtig, ob Sie singen können.

Achtung!

- Lehnen Sie auch kurzfristig ausgesprochene Einladungen möglichst nicht ab. Nutzen Sie jede Gelegenheit, etwas für die Beziehungsebene zu tun.

Knigge und
Dresscodes

In China gibt es sehr ›ausgefallene‹ Gerichte, wie eingelegte schwarze Eier, frittierte Seidenraupen, mit Schnaps gemischtes Schlangenblut oder gekochte angebrütete Eier. Für Ausländer stellen diese Gerichte oftmals echte Herausforderungen dar. Sie sollten die servierten Speisen probieren, müssen sie aber nicht aufessen. Im Extremfall können Sie einzelne Gerichte auch höflich ablehnen, beispielsweise mit der Bemerkung ›Das ist nichts für mich!‹ oder indem Sie sie einfach nicht anrühren. Umgekehrt mögen Chinesen verschiedene europäische Speisen nicht gerne essen, beispielsweise Tatar, Mett, Blutwurst, rheinischen Sauerbraten oder Matjes-Heringe.

Essen im Restaurant

In Restaurants sitzen Sie in der Regel an runden Tischen mit einer Drehscheibe in der Mitte. Dort werden alle Gerichte auf flachen Tellern oder Suppentellern serviert. Als Zeichen der Gastfreundschaft wird bei einem Geschäftsessen grundsätzlich **mehr als nötig** bestellt. Jeder nimmt sich so viel er mag. Die **Reihenfolge eines chinesischen Essens** ist typischerweise folgende: Zuerst werden kalte Gerichte, dann warme Gerichte mit Fleisch oder Fisch und Gemüse serviert. Danach kann man Reis, Nudeln oder Maultaschen bestellen. Zum Schluss gibt es Suppe oder Obst als Nachtisch.

In hochklassigen Restaurants wird Wert darauf gelegt, dass dem Gast einer Gesellschaft zuerst serviert wird. So erhält der Gastgeber einen oder zwei Löffel, mit denen er die ersten Speisen an die wichtigsten Gäste verteilt. Dies kann auch von einem Kellner übernommen werden. Dann wird der Gastgeber alle **zum Essen auffordern.** Vorher wird man mit Tee, Bier oder Wein auf das Wiedersehen oder die gute Zusammenarbeit anstoßen.

Gegessen wird aus kleinen Schälchen und von kleinen Tellern mit chinesischen Löffeln und **Essstäbchen.** Messer und Gabeln findet man meist nur in Touristenrestaurants. Gibt es kein Besteck, müssen Sie mit Stäbchen essen. Jeder ist gerne bereit, Ihnen diese Kunst zu zeigen. Chinesen amüsieren sich allerdings gerne dabei, zu beobachten, wie Ausländer mit Stäbchen Nüsse zu ihren Tellern balancieren. Die Stimmung wird dann zunehmend lockerer. Manche Chinesen erzählen auch, wie sie in Europa mit Messer und Gabel ›Pizza sägten‹ und diese dabei plötzlich von Teller ›flog‹.

Wenn das Essen schmeckt, zeigt man dies oft mit ausgiebigem **Schmatzen oder Schlürfen.** Dabei handelt es sich in China nicht notwendigerweise um schlechte Tischmanieren. Allerdings wird ein geräuschvolles **Naseputzen** am Esstisch sehr ungern gesehen.

Vor der Verabschiedung darf man als Gast nicht vergessen, sich überschwänglich für das Essen zu bedanken und eine **Gegeneinladung** für ein nächstes Treffen auszusprechen.

Dresscodes

Auf Dresscodes wird in China besonders viel Wert gelegt. Man begegnet sich insgesamt förmlicher als in Europa. Dies gilt besonders für erste Besuche. Sie sollten einen **konservativen Anzug** in einem Schwarz-, Blau- oder Grauton mit weißem bzw. hellblauem Hemd und dezenter Krawatte tragen. In großen Städten wie Shanghai schätzen Chinesen immer mehr die Kleidung von namhaften Luxusmarken, die den persönlichen Status unterstreichen soll. Piercings, Tattoos und Ohrringe sind bei Männern sehr ungern gesehen.

Frauen sind in einem **dezenten Kostüm** oder Hosenanzug immer richtig gekleidet. Allerdings sollten weibliche Reize nicht betont werden: Tragen Sie besser keine kurzen Röcke, keine schulterfreien Shirts und keine dekolletierten Blusen. Auch bei

Make-up und Nagellack ist Zurückhaltung angebracht. Chinesische Frauen ziehen gerne Schuhe mit hohen Absätzen an. Großen Frauen würden wir allerdings davon abraten, da Chinesen häufig ohnehin kleiner als wir Mitteleuropäer sind.

Da Geschäftsessen meist direkt nach Feierabend stattfinden, erscheinen Chinesen in der Regel förmlich gekleidet in Anzug und Krawatte. Trifft man sich am Wochenende, ist die Kleiderordnung legerer. Bei **festlichen Anlässen** wird auf der Einladung oft auf einen besonderen Dresscode hingewiesen.

9

Wissenswertes

In der beruflichen Zusammenarbeit mit Chinesen werden Sie viel Zeit mit Small Talk, Geschäftsessen und After Work-Aktivitäten verbringen. Da ist es hilfreich, wenn Sie wichtige Namen, Daten und Fakten aus der chinesischen Geschichte, Politik und Kultur zuordnen können. In diesem Kapitel finden Sie einige Informationen und Anknüpfungspunkte für anregende Gespräche.

Politik

Hauptstadt: Beijing
Staatsform: Sozialistische Volksrepublik
Regierungsform: Sozialistisches Einparteiensystem
Staatsoberhaupt: Staatspräsident (wird alle fünf Jahre gewählt; maximal zwei Amtszeiten)
Nationalfeiertag: 1. Oktober
Höchstes Machtorgan: Nationaler Volkskongress (NVK) mit 2.980 (max. 3.000) Abgeordneten

Gliederung des politisch-administrativen Systems

China ist in **34 Verwaltungsbezirke** gegliedert. Es gibt **23 Provinzen** (einschließlich Taiwan), **fünf autonome Regionen** (Guangxi, Innere Mongolei, Ningxia, Xinjiang, Tibet), **vier Stadtstaaten** (Beijing, Tianjin, Shanghai, Chongqing) und **zwei Sonderverwaltungsregionen** (Hongkong und Macao).

Obwohl **Hongkong und Macao** keine souveränen Staaten sind, haben sie eigene Zollverwaltungen und eine eigene Handelspolitik. Darüber hinaus sind sie mit einem Grundgesetz, einem hohen Maß an innerer Autonomie sowie einem eigenen politischen und wirtschaftlichen System ausgestattet.

Seit der Gründung der VR China am 1. Oktober 1949 ist offiziell der **Nationale Volkskongress** das höchste Staatsorgan. Die Kongressmitglieder werden für eine Amtszeit von fünf Jahren gewählt. Jede Provinz ist durch mindestens zehn Abgeordnete vertreten. Der Nationale Volkskongress kann Gesetze verabschieden, die Verfassung ändern, den Staatshaushalt billigen und ökonomische Pläne genehmigen. Durch den Nationalen Volkskongress werden gewählt:

- das Staatsoberhaupt
- der Staatsrat
- die Zentrale Militärkommission
- der Oberste Volksgerichtshof
- die Oberste Staatsanwaltschaft

Seit März 2013 ist Xi Jinping Staatspräsident, gleichzeitig ist er bereits seit November 2012 **Generalsekretär** der Kommunistischen Partei Chinas und Vorsitzender der Zentralen Militärkommission.

Landeskunde

Mit 9,6 Millionen Quadratkilometern (inkl. Taiwan, Hongkong, Macao) ist China das **drittgrößte Land** der Erde (1. Russland, 2. Kanada).

China hat **14 Nachbarländer.**

Zwei Drittel der **Landfläche** sind gebirgig, ca. 20 % sind Wald. Die nutzbare Ackerfläche macht rund 11 % des Landes aus.[3]

China erstreckt sich über **vier Klimazonen**: Von extrem trockenem Wüstenklima über winterkaltes Nadelwaldklima bis hin zu einem tropischen Klima im Süden des Landes.

Der **Zeitunterschied** zu Zentraleuropa beträgt + 7 Stunden, im europäischen Sommer + 6 Stunden.

---

3   www.stats.gov.cn

China hat 1,347 Milliarden **Einwohner** (Juli 2011), davon leben über 40 % in Städten.

Es gibt **56 Völkergruppen**, davon sind 92 % Han-Chinesen.

Amtssprache: Pǔ tōng huà (Hochchinesisch)

Für Schüler besteht neun Jahre **Schulpflicht**.

Dominierende **chinesische Philosophien und Weltanschauungen**: Konfuzianismus und Daoismus

Religionen: In China gibt es keine Staatsreligion, aber folgende Religionen sind offiziell anerkannt: der Buddhismus (18–20 % der Bevölkerung), der Islam (1–2 %) sowie das evangelische und katholische Christentum (3–4 %).[4]

Die **Währung** ist der Renminbi (CNY) mit dem Yuan als größte Grundeinheit. 2005 wurde die Wechselkursbindung an den US-Dollar durch die Koppelung an einen Währungskorb abgelöst. In den letzten Jahren nahm der internationale Druck auf China zu, den Renminbi frei konvertierbar zu machen.

Meilensteine der Geschichte

2070–1600 v. Chr.

Xia Dynastie: Nach schriftlicher Aufzeichnung die erste chinesische Dynastie

221 v. Chr.

Gründung des ersten feudalistischen und zentralisierten Vielvölkerstaates in der chinesischen Geschichte. Vereinheitlichung von Schrift, Maßen und Währung, Etablierung des Systems von Provinzen und Kreisen

1405–1433

100 Jahre bevor Kolumbus Amerika entdeckte, legte der große chinesische Flottenkommandeur Zheng He mit seinen Handelsschiffen auf sieben großen Expeditionen in den Pazifik und den Indischen Ozean mehr als 50.000 Kilometer zurück.

---

4   www.bautz.de

1840–1842

Erster Opiumkrieg gegen Briten; Beginn der Demütigung durch die Kolonialmächte in China

1900–01

Boxer-Aufstand gegen europäischen, amerikanischen und japanischen Imperialismus in China

1912

Offizielle Abdankung des letzten Kaisers Pu Yi. Die Kaiserdynastie geht zu Ende.

1921

Gründung der Kommunistischen Partei Chinas durch Li Dazhao und Chen Duxiu

1949

Gründung der VR China durch Mao Tse-tung. Es gibt wieder ein vereinigtes China.

1966–1976

Große Proletarische Kulturrevolution

seit 1978

Wirtschaftsreform und Öffnungspolitik eingeleitet durch Deng Xiaoping

Wirtschaftliche Entwicklung

China besitzt eine über 5.000 Jahre alte Geschichte. Vier große technische Errungenschaften – Papier, Buchdruck, Schwarzpulver und der Kompass – wurden von den Chinesen erfunden. Die chinesischen Kaiser waren sich bis Ende des 17. Jahrhunderts ihrer übermächtigen Position anderen Ländern gegenüber sehr bewusst und an Handelsbeziehungen mit diesen nicht interessiert. Durch die passive Haltung der damaligen Qing-Dynastie (1644–1911) verpasste China schließlich den Anschluss an die Moderne. In der Zwischenzeit erlebten westliche Länder ab Mitte des 18. Jahrhunderts eine industrielle Revolution. Die Ohnmacht Chinas, z. B. gegenüber der britischen Kriegsführung und dem Einsatz modernster Waffen, im **Opiumkrieg** (1840–1842) offenbarte die katastrophalen Folgen der chinesischen Abschottung. Nach der Niederlage der Qing-Dynastie 1842 begann eine Epoche der Demütigung Chinas durch ausländische Mächte. Für die Europäer folgte dagegen die **Kolonialzeit** in China, verbunden mit einer maßlosen Ausbeutungspolitik. Die chinesische Volkswirtschaft lag danach völlig am Boden.

Nach dem Zweiten Weltkrieg und der japanischen Kapitulation 1945 herrschte in China drei Jahre lang **Bürgerkrieg** zwischen der Kommunistischen Partei unter Führung von Mao Tse-tung und der Kuomintang unter Führung von Chiang Kai-shek. Mit seinen restlichen Soldaten floh Chiang Kai-shek schließlich 1949 nach Taiwan und regierte als Präsident die Republic of China (ROC) weiter. Daraufhin verkündete Mao Tse-tung 1949 die **Gründung der Volksrepublik China** und verfolgte von nun an eine wirtschaftliche Ausrichtung am systemischen Vorbild des Ostblocks, vor allem der damaligen Sowjetunion. Nach der Gründung der VR China hat Mao Tse-tung viele politische Kampagnen initiiert, um seine Macht zu sichern. Ab 1958 versuchte er mit seinem Wirtschaftsprogramm, dem ›**Großen Sprung nach vorn**‹, die Agrar- und Industriewirtschaft in wenigen Jahren auf den Stand der damaligen Industriestaaten zu bringen. Der Plan scheiterte. 1966 verkündete Mao dann die ›**Große Proletarische Kulturrevolution**‹, die das Ziel hatte, das Land von Staatsfeinden zu säubern. Studenten und Schüler wurden mobilisiert, die mit der Mao-Bibel in der Hand Feldzüge gegen alte Ideen, alte Kulturen, alte Sitten und alte Gewohnheiten veranstalteten. Die revolutionäre Mobilisierung der chinesischen Bevölkerung führte nahezu zum Kollaps des politischen Systems.

Nach dem Tod Mao Tse-tungs 1976 kam 1978 **Deng Xiaoping** an die Macht. Der Technokrat und Pragmatiker begann eine radikale politische Kursänderung mit vier wirtschaftlichen Stoßrichtungen: Förderung und Modernisierung der Industrie, der Landwirtschaft, der Verteidigung sowie Wissenschaft und Technik. Deng Xiaoping begann mit der Marktwirtschaft zu experimentieren.

Mit dem Ende des Kommunismus 1978 hat die chinesische Volkswirtschaft einen nie zuvor dagewesenen **Wachstums- und Entwicklungsprozess** durchlaufen. Während des letzten Jahrzehnts konnte das Land gut ein Viertel aller weltweiten ausländischen Direktinvestitionen (ADI) anziehen, die in die Entwicklungsländer geflossen sind.[5] Die **Hauptausfuhrprodukte** Chinas sind heute Textilien, Büromaschinen/EDV, Nachrichtentechnik/TV, Elektrotechnik, Maschinen und chemische Erzeugnisse. Die **Haupteinfuhrprodukte** Chinas sind elektronische Erzeugnisse, chemische Erzeugnisse, Rohstoffe, Maschinen, Brennstoffe und technische Öle.

Die Entscheidung der chinesischen Regierung, großen ausländischen Unternehmen zu erlauben, China als **Produktionsstandort** für ihr Exportgeschäft zu nutzen, hat dazu geführt, dass das Land nun für andere asiatische und exportorientierte Länder zu einem ernst zu nehmenden Wettbewerber aufgestiegen ist.

In China gibt es bis heute allerdings noch **keine Niederlassungsfreiheit**, denn die Regierung verfolgt seit 1978 eine aktive Politik der Lenkung ausländischer Investitionen, um bestimmte wirtschaftliche Ziele zu verwirklichen.[6] Diese **Investitionssteuerung** bewirkt, dass nur für die wirtschaftliche Entwicklung vorteilhafte Investitionen zugelassen werden.[7] Die ›Bestimmungen zur Lenkung ausländischer Investitionen‹ mit ihren regelmäßig anzupassenden Katalogen unterteilten die Wirtschaftsbereiche in **geförderte, erlaubte, beschränkte und verbotene Investitionsbereiche**.[8] Es gibt nun zunehmend Zertifizierungs-, Standardisierungs- und andere Zulassungsanforderungen, die erfüllt werden müssen.

---

5   UNCTAD.

6   Pannenberg, Wiebke, Neue Lenkungsrichtlinien für ausländische Investitionen, S. 33, in: Die WTO und das neue Ausländerinvestitions- und Außenhandelsrecht der VR China, Hrsg. Heuser, Robert / Klein, Robert, 1. Auflage, Hamburg 2004.

7   Koch, Bernd / Fromm, Buse Heberer, Gesellschaftliche Rahmenbedingungen für Investitionen, S. 95, in: Chinesisches Wirtschaftsrecht – Einführung für Unternehmer und deren Rechtsberater, Hrsg. Ranft, Michael-Florian / Schewe, Christoph, 2006.

8   Lin, Peh-Wen, Geschäftspraxis in China, S. 16, Hrsg. Herfurth & Partner, Rechtsanwälte GbR, Hannover, 2008.

Die rasante Wirtschaftsentwicklung führt allerdings immer wieder zu **Engpässen**, die das Wachstum begrenzen. **Energieknappheit** sorgt wiederholt dafür, dass Industrieunternehmen ihre Kapazität nicht voll auslasten können. Darüber hinaus befinden sich die chinesische Infrastruktur und das Transportsystem noch nicht auf einem mit den deutschsprachigen Ländern vergleichbaren Niveau, werden aber stetig weiter ausgebaut.

Bedeutende Persönlichkeiten

Konfuzius (551–479 v. Chr.),

Konfuzius, in China als Kongzi bekannt, war der größte Lehrmeister und Philosoph des Landes. Wichtigste Eckpfeiler seiner Lehre sind Menschlichkeit, Barmherzigkeit, Freundschaftstreue, Sittlichkeit, Höflichkeit, Etikette, Streben nach Bildung und Wissen, Zuverlässigkeit, Rechtschaffenheit, Duldsamkeit, Nachsicht, Toleranz, Loyalität gegenüber hierarchisch Höhergestellten, Ehrfurcht vor Eltern, Respekt vor und Gehorsam gegenüber älteren und hierarchisch höhergestellten Personen.

Ab dem 2. Jahrhundert v. Chr. bis ins moderne China hinein hat sich der Konfuzianismus zur tragenden chinesischen Gesellschaftslehre entwickelt und beeinflusst tiefgreifend das gesellschaftliche System und die chinesische Lebensweise. ▧ GKCHI4
(Video: Porträt Konfuzius)

Qin Shihuangdi (259–210 v. Chr.)

Bekannt wurde Qin Shihuangdi durch sein unterirdisches Mausoleum mit der berühmten Terrakotta-Armee. Als Kaiser gründete er den ersten feudalistischen und zentralisierten Vielvölkerstaat in der chinesischen Geschichte. Seine Reformen betrafen vor allem die Vereinheitlichung der Schrift, der Maße und der Währung sowie die Etablierung eines Systems aus Provinzen und Kreisen. Dieses bildete die Basis der Staatsysteme der folgenden 2.000 Jahre.

Mao Tse-tung (1893–1976), auch Mao Zedong

Mao Tse-tung ist der Gründer der heutigen VR China. 1921 war er Mitbegründer der Kommunistischen Partei Chinas. Im chinesisch-japanischen Krieg 1937–1945 hat er mit Chiang Kai-shek zusammen gegen die Japaner gekämpft. Nach der Kapitulation Japans herrschte 1945–49 ein Bürgerkrieg zwischen der Kommunistischen Partei Chinas und der Nationalen Volkspartei (Kuomintang). Die Nationale Volkspartei verlor den Krieg und Chiang Kai-shek floh 1949 mit seinen restlichen Soldaten nach Taiwan. Im gleichen Jahr verkündete Mao die Gründung der Volksrepublik China. Unter Mao fand von 1966–1976 die ›Große Proletarische Kulturrevolution‹ statt, in der sehr viele kulturelle Errungenschaften Chinas zerstört wurden. Das chinesische Bildungswesen war fast zehn Jahre gelähmt. Trotz fataler Fehler während seiner Regierungszeit wird Mao Tse-tung heute noch von vielen Chinesen verehrt, da er die Kolonialzeit in China beendete.

Deng Xiaoping (1904–1997)

Nach Maos Tod im Jahr 1976 gelangte Deng Xiaoping an die Macht. Er öffnete durch seine Reform- und Öffnungspolitik die Grenzen. Deng Xiaoping förderte 30 Jahre lang die Modernisierung des Landes und die Liberalisierung der Wirtschaft.

Bekannte Orte

Große Mauer

Die Große Mauer heißt wörtlich übersetzt ›Lange Festung‹ und war einst über 6.300 Kilometer lang. Sie befindet sich in Nordchina und verläuft von Westen nach Osten. Der erste Kaiser Qing Shi Huang begann vor rund 2.300 Jahren, die Mauer bauen zu lassen. Später wurde sie immer weiter ausgebaut und erweitert. Mit der Mauer wollte man sich gegen die nomadischen Völker schützen, die ständig ins Landesinnere Chinas hineindrängten, um die Bauern auszuplündern. Gleichzeitig bedrohten sie das regierende Kaiserreich. Die Ming-Dynastie (1368–1644) wurde schließlich trotz der Befestigung und ständigen Renovierung der Mauer gestürzt. Heute hat die Große Mauer ihre einstige Befestigungsfunktion verloren und weite Streckenabschnitte liegen in Trümmern. Dennoch ist sie für Touristen aus aller Welt ein bewundernswertes Bauwerk.

Steinerne Wald

Der Steinerne Wald ist etwa 120 Kilometer von Kunming, der Hauptstadt der Provinz Yunnan, entfernt. Er gilt als Naturweltwunder. In China spricht man vom ›Museum des Steinwaldkarstes‹. Die Fläche der eindrucksvollen Karstlandschaft beträgt ca. 350 Quadratkilometer und besteht aus dem Großen Steinwald, dem Naigu-Steinwald, dem Changhu-See und dem großen Wasserfall. Die Steine sind bis zu 40 Meter hoch und ragen wie Säulen in den Himmel.

Mogao Grotten

Die Mogao Grotten in Dunhuang befinden sich in der heutigen Provinz Gansu auf der Route der damaligen Seidenstraße, einer Verbindung von Orten östlicher und westlicher Kulturen. Die Grotten gelten als die größte und am besten erhaltene buddhistische künstlerische Schatzkammer der Welt. Buddhistische Mönche bauten zwischen dem 4. und 12. Jahrhundert unzählige solcher buddhistischer Höhlentempel in die Sandsteinfelsen. Die Darstellung von Buddhastatuen, Skulpturen und Wandmalereien war so lebendig, farbenprächtig und unterschiedlich, dass die Höhlentempel auch die Tausend-Buddha-Grotten genannt werden. Heute sind leider nur noch ca. 492 Höhlentempel gut erhalten und zum Teil für Touristen zugänglich. Im Jahr 1987 wurden die Mogao-Grotten von der UNESCO zum Weltkulturerbe erklärt.

Terrakotta-Armee

Die Terrakotta-Armee im Mausoleum des ersten Kaisers von China, Qin Shi Huang (259–210 v. Chr.), wurde 1974 bei Grabungen nahe Xi'an entdeckt. In den nachfolgenden Jahren konnten sukzessive Tausende lebensgroße Terrakottafiguren ausgegraben werden. Jeder der Soldaten hat ein individuelles Gesicht. Die Armee entstand zwischen den Jahren 246 bis 208 v. Chr. als Teil der Grabstätte. Bei ihrem Bau waren bis zu 700.000 Arbeiter gleichzeitig tätig. Heute steht die Terrakotta-Armee auf der Liste des UNESCO-Weltkulturerbes.

Kalender

Das chinesische **Mondkalenderjahr** hat 354 Tage. Innerhalb eines Zyklus von 19 Jahren treten etwa alle zwei bis drei Jahre insgesamt sieben Schaltjahre auf, während es nach dem westlichen Sonnenkalender alle vier Jahre ein Schaltjahr gibt. Ein Mondkalenderschaltjahr hat 13 Monate mit je 29/30 Tagen. In Schaltjahren wiederholt sich ein Monat, damit der Datumsunterschied zum westlichen Sonnenkalender nicht zu groß wird. Welcher Monat wiederholt wird, richtet sich wiederum nach einer weiteren Regel, die hier nicht weiter ausgeführt wird.

Seit 1912 wird in China offiziell der westliche **Sonnenkalender** benutzt. Werden Geschäftstermine gemacht, greift man automatisch zum Sonnenkalender. In jedem Sonnenkalender sind jedoch zusätzlich die Angaben des Mondkalenders abgedruckt. So entspricht beispielsweise der 01.10.2013 im Sonnenkalender dem 27.08.2013 im Mondkalender. In einem ›*wàn nián lì*‹, dem Zehntausendjahre-Kalender, kann man das entsprechende Datum im Sonnen- oder Mondkalender nachschlagen (nur in chinesischer Sprache).

Feste

Die meisten traditionellen Feste richten sich nach dem chinesischen Mondkalender:

- **Frühlingsfest (chinesisches Neujahrsfest):** am ersten Tag des ersten Mondmonats (Ende Januar / Anfang Februar, beweglich)
- **Laternenfest:** am 15. Tag des ersten Mondmonats
- *Qingming* **Fest:** zwischen dem 04. und 06. April (nach dem Sonnenkalender)
- **Drachenbootfest:** am fünften Tag des fünften Mondmonats
- **Mondfest:** am 15. Tag des achten Mondmonats

Das bedeutendste Fest in China ist das **Frühlingsfest**, im Westen auch chinesisches Neujahrsfest oder *Chinese New Year* genannt. Ähnlich wie Weihnachten im deutschsprachigen Raum wird jeder Mitarbeiter nach Hause fahren, um zusammen mit seiner Familie das neue Jahr zu begrüßen. Dann herrscht überall Hektik und Hochbetrieb. Wer um diese Zeit etwas Geschäftliches in China zu erledigen hat, sollte überlegen, den Termin zu verschieben. Fällt ein Feiertag auf einen Samstag oder Sonntag, wird der freie Tag nachgeholt.

Grußkarten an chinesische Geschäftspartner sollten Sie auf jeden Fall zum Frühlingsfest senden. Noch eindrucksvoller ist es, wenn Sie Ihren Geschäftspartnern ›*chūn jié kuài lè, gōng xǐ fā cái*‹ wünschen, übersetzt: ›Ein frohes Frühlingsfest und viel Reichtum‹.

Geburtstage haben in China traditionell keine Bedeutung, es sei denn, es handelt sich um Geburtstage älterer Leute, z. B. den 60. Geburtstag. Jedoch werden im modernen China auch weitere Geburtstage zunehmend gefeiert.

Bekannte Sprichwörter

- ›Ein edler (verantwortungsvoller) Mensch verspricht nicht leichtfertig etwas, das er nicht halten kann.‹
- ›Diskutiere nicht die Angelegenheiten eines Amtes, das nicht dein eigenes ist.‹
- ›Lernen gleicht dem Bootfahren gegen den Strom – wer nicht vorwärts kommt, fällt zurück.‹
- ›Der Edle stellt Anforderungen an sich selbst, der Gemeine stellt Anforderungen an die anderen.‹
- ›In allzu klarem Wasser ist kein Fisch zu finden.‹ (bedeutet ›Wer allzu kritisch ist, findet keine Gesellschaft.‹)
- ›Nette Worte wärmen wie ein wollenes Gewand, böse Worte verletzen mehr als der Stich einer Lanze oder Hellebarde.‹
- ›Harmonie bringt Reichtum hervor.‹
- ›Unter drei Menschen kann einer mein Lehrer sein. Von ihren guten Seiten sollte ich lernen. Ihre schlechten Seiten sollte ich als Alarmglocke betrachten, damit ich die gleichen Fehler nicht selbst mache.‹
- ›Hat man schon in kleinen Dingen keine Geduld, ist man bei großen Vorhaben zum Scheitern verurteilt.‹
- ›Kennst du deinen Feind und dich selbst, wirst du bei 100 Schlachten keine Gefahr haben.‹

10

Informationsquellen

Kontaktadressen in China

www.gov.cn – The Central People's Government of the People's Republic of China

www.fdi.gov.cn/pub/FDI_EN/default.htm – Invest in China

http://german.mofcom.gov.cn – Handelsministerium der VR China

www.ccpit.org.cn – China Council for the Promotion of Industrial Trade (CCPIT)

www.delchn.ec.europa.eu – Delegation of the European Union Commission to China

www.eu-china.net – EU-China Civil Society Forum

www.europeanchamber.com.cn – European Union Chamber of Commerce in China

www.oecd.org/china – Organisation for Economic Co-operation and Development – China

Kontaktadressen für Deutsche

Botschaft der Bundesrepublik Deutschland in China
17, Dongzhimenwai Dajie
Chaoyang District
100600 Beijing
China
Tel.: +86 (0) 10 / 85 32 - 9000
Fax: +86 (0) 10 / 65 32 - 5336
E-Mail: embassy@peki.diplo.de
www.peking.diplo.de

Botschaft der VR China in Deutschland
Märkisches Ufer 54
10179 Berlin
Deutschland
Tel.: +49 (0) 30 / 27 58 8 - 0
Fax: +49 (0) 30 / 27 58 8 - 221
www.china-botschaft.de

www.cihd.de – Chinesischer Industrie- und Handelsverband e. V. in Deutschland

www.germancentre.org.cn – German Centre

www.china.ahk.de – Deutsche Außenhandelskammer in China

www.auswaertiges-amt.de – Auswärtiges Amt

www.oav.de – OAV Ostasiatischer Verein e. V.

www.dapg.de – Deutsche Asia Pacific Gesellschaft e. V.

www.dcw-ev.de – Deutsch-Chinesische Wirtschaftsvereinigung e. V.

Kontaktadressen für Österreicher

Chinesische Botschaft in Österreich
Metternichgasse 4
1030 Wien
Österreich
Tel.: +43 (0) 1 / 71 43 14 9
Fax: +43 (0) 1 / 71 36 81 6
E-Mail: chinaemb.at@mfa.gov.cn
www.chinaembassy.at

Österreichische Botschaft in China
Jianguomenwai
Xiushui Nanjie 5
100600 Beijing
China
Tel.: +86 (0) 10 / 65 32 - 2061
Fax: +86 (0) 10 / 65 32 - 1505
www.aussenministerium.at/peking

http://wko.at/awo/cn – Wirtschaftskammer Österreich in China

http://acba.businesscard.at – Österreich-Chinesische Wirtschaftsvereinigung

www.austcham.org – Austrian Chamber of Commerce China (AustCham)

Kontaktadressen für Schweizer

Botschaft der Schweiz in China
Sanlitun Dongwujie 3
Beijing 100600
China
Tel.: +86 (0) 10 / 85 32 - 8888
Fax: +86 (0) 10 / 65 32 - 4353
www.eda.admin.ch/beijing

Botschaft der VR China in der Schweiz
Kalcheggweg 10
3006 Bern
Schweiz
Tel.: +41 (0) 31 / 35 2 - 7333
Fax: +41 (0) 31 / 35 1 - 4573
E-Mail: china-embassy@bluewin.ch
www.china-embassy.ch

www.swisscham.org – Swiss Chinese Chamber of Commerce (SwissCham)

www.sha.swisscham.org/sha – Swiss Chinese Chamber of Commerce in Shanghai

www.eda.admin.ch – Eidgenössisches Departement für auswärtige Angelegenheiten

www.osec.ch/de/country/China – Swiss Business Hub China OSEC

Webseiten mit Chinabezug

www.china-observer.de – China Nachrichten und News

www.businessforum-china.com – China Experten teilen ihr Wissen

http://german.china.org.cn – Chinesisches Nachrichtenportal

www.accenta-asia.de – Interkulturelle Trainings für China, Fachartikel zu Ostasien

www.chinaweb.de – China Informationsseite

www.chinaseite.de – Leben und Arbeiten in China

http://german.cri.cn – Portal von Radio China International

http://c-k-b.eu – Chinesisches Kulturzentrum Berlin

www.prochina.de – Informationen und Hintergründe zu China

www.chinese.cn – Konfuzius Institut, Kultur und Sprache

www.chinalink.de – Forum für Informationen über China und Kontakte zwischen dem chinesischen und dem deutschsprachigen Kulturraum

www.schanghai.com – Deutschsprachige China-Plattform für Expats

GKCHI0 Updates, News und aktuelle Informationen zur Geschäftskultur Chinas

Informationen zu chinesischen Unternehmen

www.alibaba.com
www.unsbiz.com
www.diytrade.com
http://en.makepolo.com
www.made-in-china.com
www.globalsources.com
www.tootoo.com
www.china.cn
www.mysteel.net

Fachzeitschriften

China Contact – OWC Verlag für Außenwirtschaft GmbH

Germany-China Exchange – erscheint in Zusammenarbeit der EITEP-Partnerverbände

CHUN-Chinesischunterricht – einziges Fachorgan zu Chinesisch als Fremdsprache in Europa

Englischsprachige Ausgaben chinesischer Tageszeitungen im Netz

www.scmp.com – South China Morning Post
www.chinadaily.com.cn – China Daily
www.shanghai-daily.com – Shanghai Daily

Literaturhinweise

Kuan, Yu Chien, Häring-Kuan, Petra, **Der China-Knigge: Eine Gebrauchsanweisung für das Reich der Mitte,** Fischer Taschenbuch Verlag, 2012.

Huang, Nina, Retzbach, Roman, Kühlmann, Knut, **China-Knigge: Chinakompetenz in Kultur und Business,** Oldenbourg Wissenschaftsverlag, 2012.

Häring-Kuan, Petra, Kuan, Yu Chien, **Die Langnasen – Was die Chinesen über uns Deutsche denken,** Fischer Taschenbuch Verlag, 2011.

Strittmatter, Kai, **Gebrauchsanweisung für China,** Piper Taschenbuch, 2008.

Rommel, Christian, **Business Knigge China,** IfAD – Institut für Außenwirtschaft GmbH, 2007.

Tzu, Sun, Peyn, Gitta, **Die Kunst des Krieges mit psychologischen Kommentaren, Die älteste bekannte militärische Abhandlung der Welt,** RaBaKa-Publishing, 2007.

Buchtipps

Pu Yi, **Ich war Kaiser von China – vom Himmelssohn zum Neuen Menschen; Autobiographie des letzten chinesischen Kaisers Pu Yi,** Deutscher Taschenbuch Verlag, 2009.

Chang, Jung, **Wilde Schwäne – Die Geschichte einer Familie, Drei Frauen in China von der Kaiserzeit bis heute,** Knaur Taschenbuch, 2004.

Kuan, Yu Chien, **Mein Leben unter zwei Himmeln, eine Lebensgeschichte zwischen Shanghai und Hamburg,** Fischer Taschenbuchverlag, 2012.

Wang, Xiao Hui, Endres-Stamm, Monika, **Töchter des halben Himmels – Sieben Frauen aus China,** Fischer Taschenbuch Verlag, 2011.

Klöpsch, Volker, Müller, Eva, **Lexikon der Chinesischen Literatur,** Beck, 2004.

Quellen

Lin, Peh-Wen, **Geschäftspraxis in China,** Hrsg. Herfurth & Partner, Rechtsanwälte GbR, Hannover, 2008.

Waldkirch, Karl, **Erfolgreiches Personalmanagement in China: Rekrutierung, Mitarbeiterführung, Verhandlung,** Gabler Verlag, 2009.

Pannenberg, Wiebke, **Neue Lenkungsrichtlinien für ausländische Investitionen,** in: Die WTO und das neue Ausländerinvestitions- und Außenhandelsrecht der VR China, Hrsg. Heuser, Robert / Klein, Robert, 1. Auflage, Hamburg 2004.

Koch, Bernd / Fromm, Buse Heberer, **Gesellschaftliche Rahmenbedingungen für Investitionen,** in: Chinesisches Wirtschaftsrecht – Einführung für Unternehmer und deren Rechtsberater, Hrsg. Ranft, Michael-Florian / Schewe, Christoph, 2006.

Stichwortverzeichnis

INTERKULTURELLE KOMPETENZ

IHR TRAINER-TEAM MIT INTERNATIONALER
ERFAHRUNG IN **ASIEN**, **AMERIKA** UND **EUROPA**

SEMINARE AUCH DIREKT BEIM BUCHAUTOR

Offene China- oder Asien-Seminare und
In-house-Trainings in Ihrem Unternehmer

ACCENTA ASIA

Interkulturelles Management · Beratung & Training

www.accenta-asia.de   ·   Tel. +49 (0)221 - 5716 784

DIE FÜHRUNGSKRÄFTE

MIT SICHERHEIT KARRIERE.

Ihr kompetenter Ansprechpartner
rund um Karriere und Beruf.

www.die-fuehrungskraefte.de

10 GUTE GRÜNDE FÜR FACH- UND FÜHRUNGSKRÄFTE MITGLIED ZU WERDEN:

1. Kostenfreier **juristischer Service**, auch präventiv, in allen Berufsbelangen.
2. **Karrierenetzwerk** mit rund 25.000 Mitgliedern und zahlreichen Aktivitäten vor Ort.
3. Umfangreiches **Seminar- und Vortragsangebot** sowie diverse Beratungsleistungen für den beruflichen Ein- und Aufstieg.
4. Aktuelle **Fachinformationen**, Musterverträge und vieles mehr für Fach- und Führungskräfte.
5. **Karrierebegleitung** mit Top-Konditionen bei Unternehmen für Coaching, Beratung und Outplacement.
6. **Young Leaders** – DIE Plattform für alle jungen (Nachwuchs-) Führungskräfte mit Mentoring-Programm.
7. Unbegrenzter Zugang zur Mitglieder-Lounge mit Gehaltsberatung, Arbeitszeituntersuchungen und anderen **Karriereinformationen**.
8. **Interessenvertretung** in Wirtschaft, Politik und Öffentlichkeit.
9. Kooperationen mit exklusiven **Sonderkonditionen** bei Verlagen, Versicherungen und zahlreichen Partnern.
10. Kostenloser Bezug der **Fachzeitschrift** „Perspektiven für Führungskräfte".

Effizient und innovativ:
E-Learning mit der crossculture academy

Erfolgreich kommunizieren mit internationalen Kollegen und Geschäftspartnern

Mit den Online-Kursen der crossculture academy können Sie sich flexibel und gezielt auf die geschäftlichen Herausforderungen in anderen Kulturen vorbereiten. In nur 90 Minuten lernen Sie anhand von informativen Texten, unterhaltsamen Videos und reflektierenden Quizfragen alles über Werte, Traditionen und die wichtigsten Dos & Don'ts im Land Ihrer Wahl. Zu jedem Kurs gibt es den Zugriff auf die Online-Unterstützung der crossculture academy: rund 400 länderspezifische Videos und Texte, Linktipps, Checklisten, eine Expertenhotline für praktische Fragen und Vieles mehr.

Unsere Kurse im Überblick:

- **Unterhaltsame Filme, Bilder und Texte**

- **Zielführende Methodik**

- **Reflektierende Fragen und Testeinheiten**

- **Lerndauer: ca. 90 Minuten, beliebig oft wiederholbar**

- **Kurszugriff: 3 Monate**

- **Praktische Online-Unterstützung: 3 Monate**

Erfahren Sie mehr:

0711 722468-44

www.crossculture-academy.com

Entdecken Sie mit unseren Länderdokumentationen »151« die Faszination fremder Länder – 151 Momentaufnahmen in Wort und Bild

www.1-5-1.de

Andrea Glaubacker

Indien 151 – Portrait des faszinierenden Subkontinents in 151 Momentaufnahmen

ISBN 978-3-943176-02-5

Indien – die größte Demokratie der Erde, gigantisch, einzigartig und voller Gegensätze. Ein Land, das modernste Technologie entwickelt und zugleich in einem alten Traditionskorsett steckt. Wo Affen-, Elefanten- und mehrarmige Götter verehrt und Flüssen jeden Abend Millionen von Blumen geopfert werden. Wo gläserne Shopping-Malls wie Pilze aus dem Boden schießen und Mumbais Büromieten die von New York und Tokio überholen. Ist das Indien von heute ein modernes Land, ist es fest in alten Strukturen verankert oder liefert es schlicht immer alle möglichen Antworten zugleich?

»Aus aktuellen Meldungen, Hintergrundinformationen und eigenen Erlebnissen formt die Autorin ein Bild von Indien, wie es treffender nicht sein könnte. Für Liebhaber Indiens und diejenigen, die das noch werden wollen.« (Traudl Kupfer, Indien Aktuell)

»Ein bildstarkes Sehnsuchts-Geschenk für Indien-Kenner.« (Anna Hofsäß, SÜDASIEN)

Erleben Sie mit der Reihe **»151«** faszinierende Momentaufnahmen einer Gesellschaft, begleitet von Geschichten, persönlichen Eindrücken und einem Blick hinter die Kulissen.

 Lesweng: **Australien 151** 978-3-943176-67-4

 Schumann: **Japan 151** 978-3-943176-27-8

 Graf-Riemann: **Spanien 151** 978-3-943176-12-4

 Beiss: **Südafrika 151** 978-3-943176-18-6

 Thielke: **Thailand 151** 978-3-943176-43-8

 Frogier: **Vietnam 151** 978-3-943176-42-1

Jeder Band mit über 150 eindrucksvollen Bildern, komplett in Farbe

CONBOOK
www.conbook-verlag.de

»Äußerst amüsant zu lesen und zudem sehr informativ.« (faz.net)

Anja Obst

Fettnäpfchenführer China
Der Wink mit dem Hühner-
fuß

ISBN 978-3-943176-26-1

China ist in aller Munde. Touristen, Geschäftsleute und Studenten fallen ein in das
riesige Land – und nicht wenige dabei auch
kräftig auf die Nase. Zum Beispiel, wenn sie
sich jene putzen, herzhaft Hände schütteln
oder sich selbst Bier nachschenken. Dass die
Chinesen sich durch Drängeln, Rülpsen und
Spucken offensichtlich nicht besser beneh-
men, ist etwas ganz anderes, denn ihr Verhalten ist völlig normal. Jedenfalls in China.

Das lernt auch Peter, ein junger Student aus
Bremen. Ein halbes Jahr will er in Peking
bleiben und muss dabei schnell einsehen,
dass jeder Tag des chinesischen Alltags ein
einziger Kampf ist. Aber Peter ist offen und
wissbegierig. Schritt für Schritt erklimmt er
seine ganz persönliche Chinesische Mauer
und lernt in diesem halben Jahr nicht nur, wie
die Chinesen ticken, sondern auch warum sie
so ticken, wie sie ticken.

*»Von Schadenfreude weit entfernt, ist der nun
vorliegende Fettnäpfchen-Führer schlichtweg
uneingeschränkt empfehlenswert.«* (Gesellschaft
für Deutsch-Chinesische Freundschaft e.V.)

*»Der Fettnäpfchenführer China ist eine
schöne Bestätigung dafür, dass das Genre der
Kulturratgeber noch nicht ausgereizt ist.«*
(Asien Kurier)

CONBOOK
www.conbook-verlag.de